JN299758

ここからはじめる統計学の教科書

高橋麻奈

［著］

朝倉書店

まえがき

現在，さまざまな分析・評価・問題解決の場面で，統計学が利用されています．理学・工学における諸問題はもとより，社会経済・心理学の分野やビジネスの現場にあってさえも，一般教養として統計学の知識が求められるようになっているのです．

本書は統計学の基本を解説します．解説にはわかりやすい記述を心がけました．具体的な例題を取り上げ，一歩一歩考えながら統計学を学べるように構成しています．各節末には，理解を深めるための問題を用意しました．

基本を確実におさえることで，統計を用いたさまざまな応用分野への道が開けることでしょう．

本書が皆様の学習のお役に立つことを願っております．

2012 年 3 月

著者

目　　次

1. データの分布を調べる ･･･ 1
   1.1 データを収集・整理する ････････････････････････････････････ 1
      1.1.1 データを取り扱う統計学 ････････････････････････････････ 1
      1.1.2 データを収集するということ ････････････････････････････ 2
      1.1.3 統計学を分類する ･･････････････････････････････････････ 2
      1.1.4 データを分類する ･･････････････････････････････････････ 3
      1.1.5 度数分布表を知る ･･････････････････････････････････････ 4
      1.1.6 度数分布表を作成する ･･････････････････････････････････ 5
      1.1.7 ヒストグラムを作成する ････････････････････････････････ 6
      1.1.8 分布の偏りをみる ･･････････････････････････････････････ 7
      1.1.9 分布をあらわす指標を考える ････････････････････････････ 8
   1.2 データの「中央」を調べる ･･････････････････････････････････ 10
      1.2.1 分布をどんなふうに表現する？ ･･････････････････････････ 10
      1.2.2 中央値 (メディアン) を知る ････････････････････････････ 11
      1.2.3 最頻値 (モード) を知る ････････････････････････････････ 11
      1.2.4 平均値 (ミーン) を知る ････････････････････････････････ 12
      1.2.5 身長データで計算する ･･････････････････････････････････ 12
      1.2.6 中央に関する値を使い分ける ････････････････････････････ 13
   1.3 データの「散らばり」を調べる ･･････････････････････････････ 14
      1.3.1 分布についてもう一度考える ････････････････････････････ 14
      1.3.2 レンジを知る ･･ 15
      1.3.3 偏差平方和を知る ･･････････････････････････････････････ 16

1.3.4　分散を知る 17
　1.3.5　標準偏差を知る 17
　1.3.6　散らばりの指標を計算する 18
　1.3.7　散らばりの指標の意味を考える 19
　1.3.8　表計算ソフトで計算する 19

2. データの「関係」を整理する 21
 2.1　2次元データを整理する 21
　2.1.1　データの関係を考える 21
　2.1.2　散布図を知る 21
　2.1.3　相関を知る 22
　2.1.4　相関について読みとくには 23
 2.2　共分散と相関係数 24
　2.2.1　共分散を知る 24
　2.2.2　共分散を求める 26
　2.2.3　相関係数を知る 27
　2.2.4　相関係数を求める 27
 2.3　回帰直線をあてはめる 28
　2.3.1　回帰直線を知る 28
　2.3.2　回帰直線の意味を考える 30
　2.3.3　最小二乗法を知る 30
　2.3.4　最小二乗法で求める 33
　2.3.5　回帰直線の傾きとは 33
　2.3.6　決定係数を知る 34

3. 確率分布を考える 37
 3.1　確率分布の意味を知る 37
　3.1.1　相対度数を計算する 37
　3.1.2　離散型の確率分布とは 38

3.1.3　連続型の確率分布とは ･･････････････････････････････････ 38
　3.2　正規分布を知る ･･ 40
　　　3.2.1　正規分布とは ･･ 40
　　　3.2.2　正規分布の特徴を知る ････････････････････････････････････ 41
　　　3.2.3　標準正規分布を知る ･･････････････････････････････････････ 42
　　　3.2.4　標準正規分布表を使う ････････････････････････････････････ 43
　　　3.2.5　偏差値を計算する ･･ 45
　3.3　確率分布の種類を知る ･･ 47
　　　3.3.1　二項分布を知る ･･ 47
　　　3.3.2　ポアソン分布を知る ･･････････････････････････････････････ 48

4.　標本から推定する ･･ 51
　4.1　推定の基礎を学ぶ ･･ 51
　　　4.1.1　母集団から標本を得る ････････････････････････････････････ 51
　　　4.1.2　母集団を考える ･･ 52
　　　4.1.3　標本を抽出する ･･ 52
　　　4.1.4　標本から母集団を推測する ････････････････････････････････ 53
　4.2　点推定を行う ･･ 55
　　　4.2.1　点推定の基準を知る ･･････････････････････････････････････ 55
　　　4.2.2　母平均を点推定する ･･････････････････････････････････････ 57
　　　4.2.3　母分散を点推定する ･･････････････････････････････････････ 57
　　　4.2.4　点推定を行う ･･ 58
　4.3　区間推定を行う ･･ 60
　　　4.3.1　区間推定の基礎をおさえる ････････････････････････････････ 60
　　　4.3.2　標本分布上で標本平均を観察する ･･････････････････････････ 62
　　　4.3.3　標準正規分布上で考える ･･････････････････････････････････ 63
　4.4　母平均を区間推定する ･･ 66
　　　4.4.1　母分散がわかっている場合 ････････････････････････････････ 66
　　　4.4.2　母分散がわからない場合 ･･････････････････････････････････ 67

- 4.4.3 大標本の場合を考える ･････････････････････････････ 71
- 4.5 母分散を区間推定する ･････････････････････････････････ 73
  - 4.5.1 母分散を区間推定する ･････････････････････････････ 73
  - 4.5.2 母分散を推定する ･････････････････････････････････ 76
- 4.6 推定の手法を応用する ･･････････････････････････････････ 77
  - 4.6.1 推定の手法を応用する ･････････････････････････････ 77
  - 4.6.2 母平均の差を区間推定する ･････････････････････････ 77
  - 4.6.3 母分散の比を区間推定する ･････････････････････････ 80
  - 4.6.4 母比率を区間推定する ･････････････････････････････ 84

5. 仮説が正しいか調べる (検定) ･･････････････････････････････ 87
- 5.1 仮説検定を行う ･･･ 87
  - 5.1.1 仮説検定とは ･････････････････････････････････････ 87
  - 5.1.2 仮説検定について考える ･･･････････････････････････ 87
  - 5.1.3 仮説を検討する ･･･････････････････････････････････ 88
  - 5.1.4 標本に関する統計量・分布を検討する ･･･････････････ 88
  - 5.1.5 有意水準・棄却域を検討する ･･･････････････････････ 88
  - 5.1.6 標本に関する値を確認する ･････････････････････････ 90
  - 5.1.7 結 論 す る ･････････････････････････････････････ 90
  - 5.1.8 仮説検定の手順をまとめる ･････････････････････････ 90
- 5.2 仮説検定を行う ･･･ 91
  - 5.2.1 母平均を両側検定する ･････････････････････････････ 91
- 5.3 両側検定と片側検定 ････････････････････････････････････ 95
  - 5.3.1 有意水準を決める際に考えるべきこと ･･･････････････ 95
  - 5.3.2 両側検定と片側検定を使い分ける ･･･････････････････ 95
  - 5.3.3 母平均の検定を行う (片側) ･････････････････････････ 96
- 5.4 検定を応用する ･･･ 99
  - 5.4.1 母平均の差の検定を行う ･･･････････････････････････ 99
  - 5.4.2 母分散の検定を行う ･･･････････････････････････････ 101

5.4.3　母分散の比の検定を行う ································· 103
　　5.4.4　母比率の検定を行う ····································· 104

6. 統計を応用する ·· 109
　6.1　適合度の検定を行う ··· 109
　　6.1.1　適合度の検定とは ·· 109
　　6.1.2　独立性の検定を行う ······································ 111
　6.2　分散分析を行う ·· 114
　　6.2.1　3グループ以上の平均を比較する ························· 114
　　6.2.2　グループによる影響を調べる ····························· 114
　　6.2.3　分散分析を行う ·· 116

今後の学習のために ·· 119

付　　録 ·· 120

問題解答 ·· 129

索　　引 ·· 137

1

データの分布を調べる

1.1 データを収集・整理する

1.1.1 データを取り扱う統計学

統計学では大量のデータを取り扱い，分析します．たとえば日本の人口データは，統計局の国勢調査によって次のように整理されています．統計学においては，このような大量のデータの収集・整理をすることが重要になります．

(統計局，平成17年度国勢調査より作成)

年齢 (歳)	総数 (人)	男 (人)	女 (人)
0 ～ 4	5,578,087	2,854,502	2,723,585
5 ～ 9	5,928,495	3,036,503	2,891,992
10 ～ 14	6,014,652	3,080,678	2,933,974
15 ～ 19	6,568,380	3,373,430	3,194,950
20 ～ 24	7,350,598	3,754,822	3,595,776
25 ～ 29	8,280,049	4,198,551	4,081,498
30 ～ 34	9,754,857	4,933,265	4,821,592
35 ～ 39	8,735,781	4,402,787	4,332,994
40 ～ 44	8,080,596	4,065,470	4,015,126
45 ～ 49	7,725,861	3,867,500	3,858,361
50 ～ 54	8,796,499	4,383,240	4,413,259
55 ～ 59	10,255,164	5,077,369	5,177,795
60 ～ 64	8,544,629	4,154,529	4,390,100
64 ～ 69	7,432,610	3,545,006	3,887,604
70 ～ 74	6,637,497	3,039,743	3,597,754
75 ～ 79	5,262,801	2,256,317	3,006,484
80 ～ 84	3,412,393	1,222,635	2,189,758
85 ～	2,926,704	810,898	2,115,806
計	127,767,994	62,348,977	65,419,017

1.1.2 データを収集するということ

データを収集する場合には，一般的に次の点が重要になります．
- 対象のすべてを調査したものか
- 対象の一部のみを調査したものか

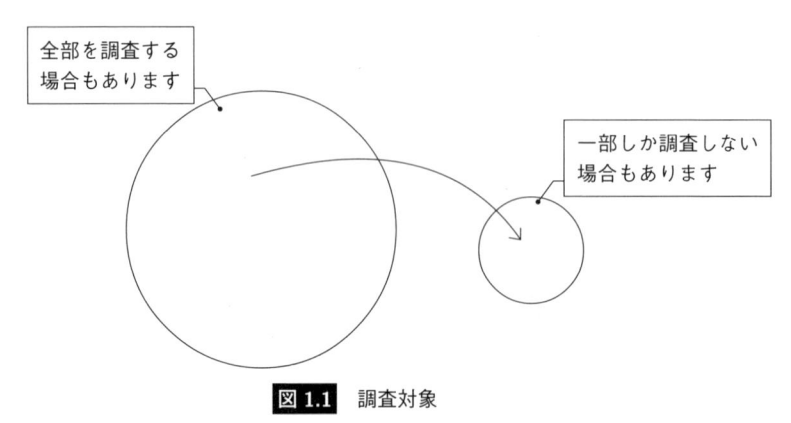

図 1.1 調査対象

全データを調査する場合と，一部のデータを調査する場合があります．

　日本人全体の動向を知ろうとする国勢調査は全数調査です．一方で，新聞記事やテレビの映像で「東京・銀座の交差点で 100 人の統計をとりました」などと紹介されている「統計」は通常，注目している対象のごく一部について調査したものでしょう．このとき私たちが対象として考えているのは，銀座に集まる一部の人間の動向ではなく，もっと多くの人間の動向であるからです．私たちはこのデータの収集結果の違いに注意しなければなりません．

1.1.3 統計学を分類する

　なぜこの違いが重要になるのでしょうか．ある業界の給与の動向について考えてみてください．業界に所属する全員について調査した場合と，業界の中からごく一部の人間を抽出して給与を調査した場合の違いについて考えてみればよいでしょう．もしデータを収集した一部の人間が高給を得ていたとしても，その業界全体について「この業界の給与は高水準である」と断言することはできません．もし一部のデータが高給であったとしても，この一部のデータから，

全体について何か述べようとするのであれば，そこには必ず確実な事実とはいえない，私たちの不確かな「推測」が入り込むことになるからです．しかし，すべてのデータを収集・分析することができない状況はよく起こります．国勢調査のような全数調査は，人的・時間的コストを要します．一部のデータしか得ることができない場合，そこからどのような結論をどのくらいの確からしさで述べることができるのかを考えることは，統計学の重要な役割でもあります．

本書ではまず1章と2章で，「すべてのデータを調べる」ことを前提として，データを収集・整理する方法についてみていきましょう．このようにデータを網羅してまとめる統計は，**記述統計学**と呼ばれています．記述統計学は統計学の基本となります．

これに対して，一部のデータから全体について推測を加える統計は，**推測統計学**と呼ばれています．推測統計学においては，一部を観察することで，対象のすべてについて値や結論を述べる手法を学ぶことになります．推測統計学においては「確率」の理論を取り入れることになります．

1.1.4　データを分類する

それでは実際に統計学の対象として調査・収集していくデータについて考えてみましょう．人間について調査する場合にも，年齢や身長，体重，性別，……といったさまざまなデータがあります．データにはどのようなものがあるのでしょうか．

a.　データの種類

年齢別人口データの基礎となるデータは，「人間の年齢」という値から構成されています．つまり，Aさん (18歳)，Bさん (22歳)，……といった数値データとして表現されています．これを年齢別に整理して集計しているわけです．

また，業界の給与データの場合も，Aさん (19万円)，Bさん (21万円)，……などというデータとしてあらわされます．このように，数量化されて収集されるデータを**量的データ**といいます．数量化されているデータは，一般的なデータのイメージとしてもなじみ深いものでしょう．

（量的データです）

(18歳), (22歳), (16歳), …

一方，すべてのデータを数値で表現できるわけではありません．たとえば，人間の性別などのデータは，通常数値であらわすわけではありません．Aさん(男)，Bさん(男)，Cさん(女)……といったデータであらわすわけです．数値でない値として表現されるデータは**質的データ**と呼ばれています．

(男), (男), (女), ⋯　← 質的データです

b. データの次元

もう1つ考えるべき事柄があります．たとえば，年齢別人口データは，1人の人間について「年齢」という1種類の値からなるデータをとり，これを集計したものとなっています．このように1つの値からなるデータを**1次元データ**といいます．

(18歳), (22歳), (16歳), ⋯　← 1次元データです

一方，1人の人間について「年齢」「身長」という2種類の値の組に注目して集計する場合もあります．1つの個体について，2つの値に着目するデータを，**2次元データ**と呼びます．

(18歳, 169センチ), (22歳, 171センチ), (16歳, 165センチ), ⋯　← 2次元データです

同様に，1人の学生が「国語」「算数」「理科」3科目のテストを受け，この点数を集計する場合のように，3つの値に注目する場合には3次元データと呼びます．複数の値をもつデータは，まとめて**多次元データ**と呼ばれます．

データは同じ対象を調査しても一通りのものになるわけではなく，データを扱う目的によってさまざまなデータを収集する必要があるわけです．

1.1.5　度数分布表を知る

今度はデータの整理方法について考えていきましょう．収集された多数のデータをどのように整理すればいいでしょうか．

データを収集した場合，まず，データを複数の段階に整理して分類すること

が考えられます．たとえば年収データを整理する場合，「年収 100 万円未満」の人数，「100 万円以上 200 万円未満」の人数……というように，クラスわけをして整理するのです．この「年収 100 万円以上 200 万円未満」のような段階を**階級** (class) といいます．各階級にあらわれたデータの個数を**度数** (frequency) といいます．

階級を代表する値は**階級値** (class value) と呼ばれます．階級値には通常は階級の中央となる値が選ばれます．たとえば階級 100 万円以上 200 万円未満の階級値は 150 万円と考えることができます．

ここでもう一度統計局による人口データに戻ってみましょう．このデータでは 0 〜 4 歳の人数，5 〜 9 歳の人数……という階級によって分類されています．さらにこの階級に属するデータを度数として集計しています．

このように階級・度数の対応を，表の形式であらわしたものを**度数分布表** (frequency distribution table) といいます．

表 1.1　度数分布表の一部 (統計局，平成 17 年度国勢調査より作成)

階級です

年齢 (歳)	総数 (人)
0 〜 4	5,578,087
5 〜 9	5,928,495
10 〜 14	6,014,652
15 〜 19	6,568,380
20 〜 24	7,350,598
⋮	⋮

度数です

1.1.6　度数分布表を作成する

私たちも度数分布表を作成してみましょう．20 人の学生について身長データを測定したところ，次のデータが得られたとします．このデータから度数分布表を作成してみてください．

例題 1　次の身長データから度数分布表を作成せよ．

単位:センチ

171.2	170.5	168.3	179.4	169.5	170.2	165.7	175.6	173.2	178.9
173.5	176.1	172.5	173.6	176.0	173.8	172.9	173.6	174.8	171.5

解答 ここでは最大値が 179.4,最小値が 165.7 となっています.1 センチごとに 15 の階級に分けて整理することにします.

階級 (センチ) 以上　未満	階級値 (センチ)	度数
165 ~ 166	165.5	1
166 ~ 167	166.5	0
167 ~ 168	167.5	0
168 ~ 169	168.5	1
169 ~ 170	169.5	1
170 ~ 171	170.5	2
171 ~ 172	171.5	2
172 ~ 173	172.5	2
173 ~ 174	173.5	5
174 ~ 175	174.5	1
175 ~ 176	175.5	1
176 ~ 177	176.5	2
177 ~ 178	177.5	0
178 ~ 179	178.5	1
179 ~ 180	179.5	1
計		20

20 人のデータを度数分布表に整理します

1.1.7 ヒストグラムを作成する

データを度数分布表に整理すれば,どの階級の頻度が高いのかがわかります.収集したデータの概要をつかみやすくなるでしょう.また,度数分布表をもとにすれば,さらに視覚的にわかりやすくデータを整理することもできます.このためには,とりうる値を横軸,度数を縦軸とし,階級幅を底辺・度数を高さとした棒グラフを作成します.このグラフは**ヒストグラム** (histogram) と呼ばれます.

上の身長データをヒストグラムとしてあらわしてみましょう.

例題 2 例題 1 で作成した度数分布表からヒストグラムを作成せよ.

解答 横軸に身長をとり，縦軸に度数を記述します．頻度の高い階級がわかりやすくなります．またデータの散らばり方を把握することもできます．ヒストグラムを使えば，度数分布表の内容を視覚的なイメージに訴えることができるのです．

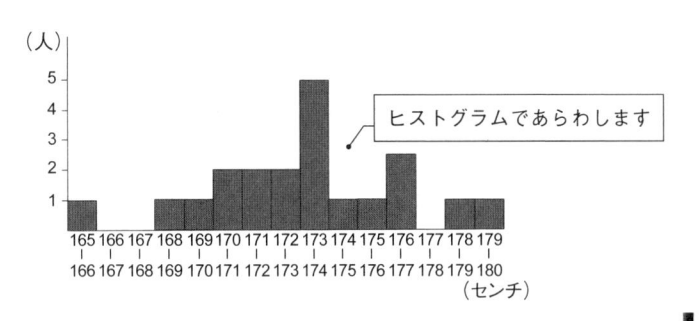

統計局の人口データもヒストグラムにしてみましょう．階級幅を5歳として作成します．日本の人口の場合，第一次・第二次ベビーブームの世代が多く，偏りがあることが視覚的に理解できます．

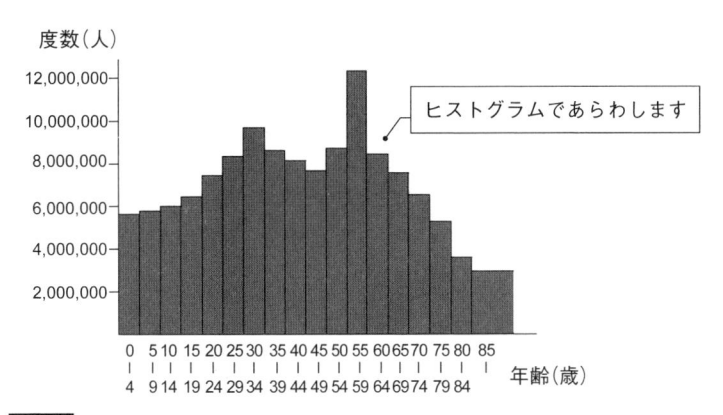

図 1.2 ヒストグラム (統計局，平成 17 年度国勢調査より作成)

1.1.8 分布の偏りをみる

いろいろなデータの観測頻度をヒストグラムにして眺めてみると，さまざま

なデータのあらわれ方が存在することに気づくでしょう．たとえば，下図左のヒストグラムは小さい値に，下図右のヒストグラムは大きい値に偏っています．これに対して下図中のヒストグラムは左右対称に近い形をしています．このようなデータのあらわれ方の様子を**分布** (distribution) といいます．

ヒストグラムでは分布の印象を大まかにつかむことが大切です．しかし，データの分布の様子をさらに詳細に比較していくためには，データを読む個人が感じた印象に頼るのではなく，それぞれの分布の特徴を定量的に評価する指標が重要となってきます．

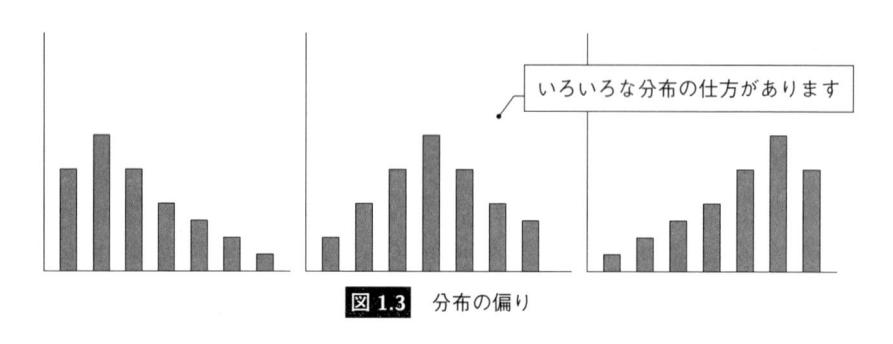

いろいろな分布の仕方があります

図 1.3　分布の偏り

1.1.9　分布をあらわす指標を考える

a.　分布の中央がどこにあるか

分布の指標を考えるにあたっては，まず，分布の中央部分がどこに存在するかをあらわす指標が重要となります．図 1.4 の分布をみてください．どこが分布の中央といえるでしょうか．左図の分布では一番データ数が多い場所を中央にすればよいようにも見えますが，右図の分布はこの方法ではうまくいかないことがわかります．右図の分布のように偏りがある場合を考えると，より有用な中央というものの指標が必要になることがわかります．

b.　分布の散らばりがどのようであるか

また，分布としての散らばり方にも着目する必要があります．図 1.5 をみてください．左図の分布では，多くのデータが中央付近に集中していますが，右図の分布では，データは全般に散らばっています．2 つの分布は中央は同じと

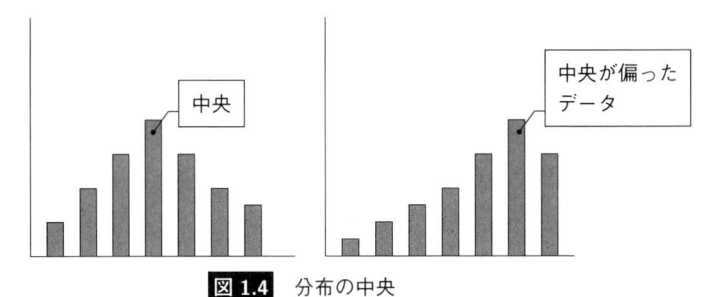

図 1.4 分布の中央

分布の中央をあらわす指標が必要となります．

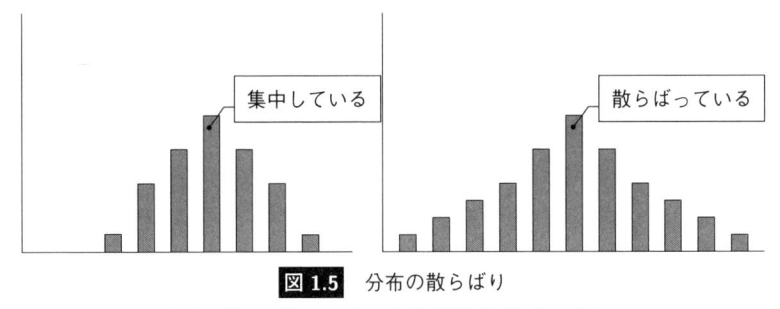

図 1.5 分布の散らばり

分布の散らばりをあらわす指標が必要となります．

いえそうですが，分布の仕方は異なることになります．データの散らばり方の指標について考える必要があるのです．

次の節から，この中央に関する指標・散らばり方の指標について学んでいくことにしましょう．

練 習 問 題

1) 学生に対して英語のテストを実施した．点数のデータから度数分布表を作成せよ．

単位：点

76	74	65	38	59	51	76	85	98	63
68	59	85	86	74	61	62	76	71	89

2) 1のデータからヒストグラムを作成せよ．
3) 次のデータからヒストグラムを作成せよ．

(統計局，平成 17 年度国勢調査・世帯人員別世帯数)

世帯人員	1	2	3	4	5
世帯数	13,375,819	13,023,662	9,196,084	7,707,216	2,847,699
世帯人員	6	7	8	9	10 人以上
世帯数	1,207,777	467,147	120,705	25,660	9,497

4) 次のデータからヒストグラムを作成せよ．

(統計局，平成 17 年度国勢調査・週間就業時間)

時間	1～4	5～9	10～14	15～19	20～24	25～29
人数	421,085	1,370,971	1,739,946	1,941,498	3,528,979	1,935,766
時間	30～34	35～39	40～44	45～49	50～54	55～59
人数	3,788,644	3,769,698	16,862,356	9,403,542	6,112,340	2,569,849
時間	60 以上					
人数	6,929,829					

1.2 データの「中央」を調べる

1.2.1 分布をどんなふうに表現する？

この節から，分布を表現する指標についてさらに詳しくみていくことにしましょう．前節にも述べたように，分布を考える際には，まず分布の中央を考えることに意味があります．

たとえば，自分が所属する業界や，就職しようとしている業界の給与所得者について「真ん中」の人がどのくらいの給与をもらっているのかを考えることは，関心のあるところでしょう．たとえば，図 1.6 のような分布であれば，中央の値は明らかでしょう．

けれども，図 1.7 のように一番頻度の高いデータが小さい値に偏っている場合はどうでしょうか．このようなデータは給与所得などを調査した場合によくみられる現象となっています．このような場合は「中央」という概念そのもの

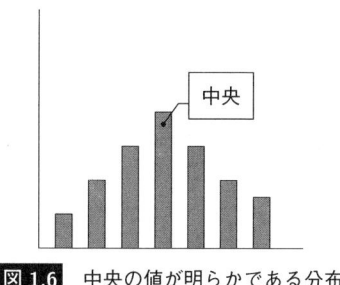

図 1.6 中央の値が明らかである分布

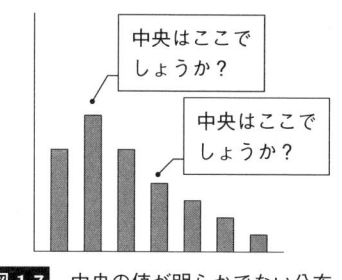

図 1.7 中央の値が明らかでない分布

をよく検討する必要があります．

そこで，統計学においては複数の中央の概念が使われることがあります．中央の概念は，収集したデータの特徴や分析の目的に応じて使い分けることになります．この指標として，中央値，最頻値，そして平均値があります．それぞれについて紹介していきましょう．

1.2.2　中央値 (メディアン) を知る

中央値 (メディアン，median) は，データを値の順に並べ，中央に位置する値をいいます．たとえば，5個のデータが存在し，これらが 10，12，13，17，17 である場合には，データを順に並べた場合の中央の値である 13 が中央値となります．なお，データが偶数個の場合は，中央の値がありませんから，中央に並ぶ 2 つの値を足して 2 で割って求めるものとします．分布に偏りがある場合には，中央値が，分布の中央としての特徴をよくあらわすことになります．

1.2.3　最頻値 (モード) を知る

データのうち，最も頻度の高い値，すなわち最もよくあらわれる値を**最頻値** (モード，mode) といいます．たとえば，給与所得者のうち，最も多くの人数が得ている給与の値が「450万円」であれば，この値を最頻値とするのです．最も高い頻度の値をさすのですから，ヒストグラムを作成した場合，グラフの一番高い部分が最頻値となることは明らかでしょう．

1.2.4　平均値 (ミーン) を知る

平均値 (average, mean, ミーン) または平均は，データの総和を，データの個数で割った値を中央とする方法です．平均の概念は非常によく使われます．一般的に普及している「中央」の概念としても，なじみ深いものでしょう．たとえば，皆の給与の額をすべて足し合わせて人数で割るわけです．

個々のデータの値を $x_1, x_2, \cdots, x_n$ とすれば，平均 $\bar{x}$ は次のようになります．

$$\bar{x} = \frac{x_1 + x_2 + \cdots + x_n}{n}$$

（総和を求め……）
（個数で割ります）

また，総和記号 $\sum$ を用いて次のようにあらわすこともできます．

$$\bar{x} = \frac{\sum_{i=1}^{n} x_i}{n}$$

なお，平均値を，整理した度数分布表から計算する場合もあります．この場合には，階級値と度数を掛け合わせて総和を求め，度数合計で割ります．個々のデータから算出する場合と比べて，正確な平均が求められるわけではありませんが，平均値を求める方法として一般的に普及している方法となっています．

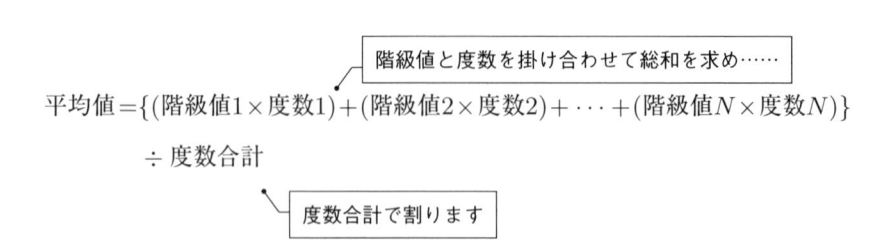

（階級値と度数を掛け合わせて総和を求め……）

平均値＝{(階級値1×度数1)＋(階級値2×度数2)＋…＋(階級値N×度数N)}
　　　　÷度数合計

（度数合計で割ります）

1.2.5　身長データで計算する

たとえば例題1で使った身長データで考えてみましょう．

例題3　例題1の身長データから中央値・最頻値・平均値を求めよ．

単位：センチ

171.2	170.5	168.3	179.4	169.5	170.2	165.7	175.6	173.2	178.9
173.5	176.1	172.5	173.6	176.0	173.8	172.9	173.6	174.8	171.5

解答 中央値・最頻値・平均値は次のように計算できます.

中央値：20 個のデータのうち，中央となる 10 番目・11 番目を足して 2 で割ります.

$$(173.2 + 173.5) \div 2 = 173.35 (センチ)$$

最頻値：173.6 センチが 2 人存在し，その他は 1 人のみです．よって，173.6 (センチ)．

平均値：$(171.2 + 170.5 + 168.3 + 179.4 + 169.5 + 170.2 + 165.7 + 175.6 + 173.2 + 178.9 + 173.5 + 176.1 + 172.5 + 173.6 + 176.0 + 173.8 + 172.9 + 173.6 + 174.8 + 171.5) \div 20 = 173.04$ (センチ)．

なお，平均値を例題 1 の度数分布表から計算すると次のようになります．
$(165.5 \times 1 + 168.5 \times 1 + 169.5 \times 1 + 170.5 \times 2 + 171.5 \times 2 + 172.5 \times 2 + 173.5 \times 5 + 174.5 \times 1 + 175.5 \times 1 + 176.5 \times 2 + 178.5 \times 1 + 179.5 \times 1) \div 20 = 173.05$ (センチ)．

1.2.6　中央に関する値を使い分ける

すでに述べたように，一般的に観察される所得データは，最高値が飛び抜けて高くなるケースが多いため，最頻値が平均値以下となることが経験的に知られています．ですから，たとえば，「ある業界の年収の平均値は 620 万円であ

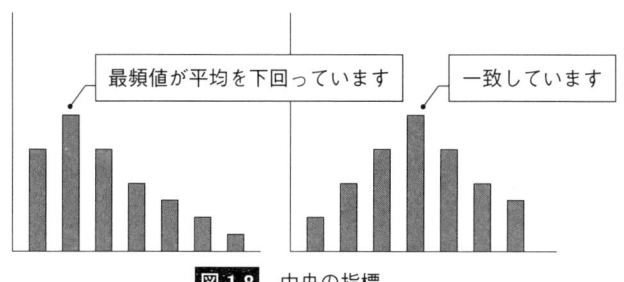

図 1.8 中央の指標

左図では最頻値が平均を下回ります．右図では最頻値と平均値が一致しています．

る」という統計情報などは注意して受け止める必要があるでしょう．この業界に属する人間の実際の感覚としては，「620万円」という平均値よりも自分の年収が低いということに気づく人間が多いことになります．このような場合には平均値が分布の「中央」をよくあらわしていないといえるかもしれません．この場合には，平均値ばかりでなく，分布の最頻値をあわせて知る必要があるでしょう．

練習問題

1) 学生に英語のテストを実施した．次のデータから中央値・平均値を求めよ．

単位：点

76	74	65	38	59	51	76	85	98	63
68	59	85	86	74	61	62	76	71	89

2) 次のデータから中央値・平均値を求めよ．

(統計局，小売物価統計調査，主要品目の小売価格 (13都市) より食パン1キロの価格, 2011年7月)

都市名	価格 (円)	都市名	価格 (円)
札幌市	367	大阪市	465
仙台市	371	神戸市	430
東京都区部	446	広島市	446
横浜市	440	松山市	402
新潟市	436	福岡市	326
名古屋市	427	鹿児島市	493
京都市	451		

1.3 データの「散らばり」を調べる

1.3.1 分布についてもう一度考える

前節では，分布の中央の指標について検討してきました．さて，図1.9の2つの分布は中央の指標が一致しているといえそうですが，2つの分布は「同じ」

分布であるといえるでしょうか？

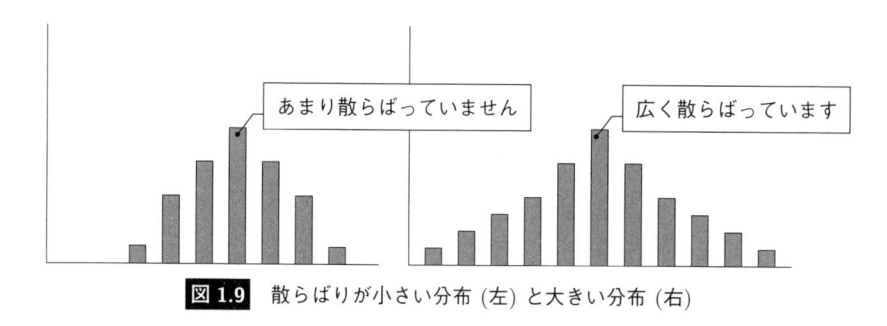

図 1.9 散らばりが小さい分布 (左) と大きい分布 (右)

　この 2 つの分布は中央値・最頻値・平均値が同じですが，データの分布には明らかに違いがあります．このとき，必要となるのが，散らばり方をあらわすための指標です．散らばり方をあらわす指標にもさまざまな種類があります．

1.3.2　レンジを知る

　散らばりを知る最も簡単な指標として，一番大きいデータと一番小さいデータの差をとることが考えられます．この値は，データが広い範囲に散らばっている場合には大きくなり，狭い範囲に集まっている場合には小さくなると考えられます．この最大値と最小値の差を**レンジ** (範囲，range) といいます．

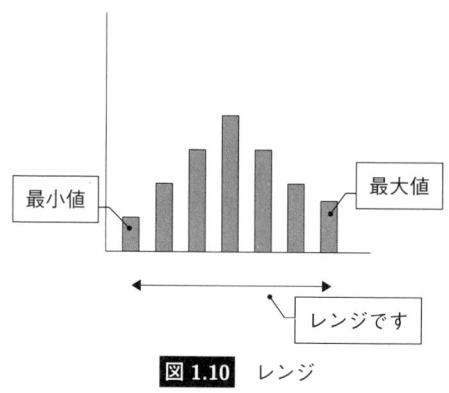

図 1.10 レンジ

最大値 − 最小値がレンジとなります．

$$\text{レンジ} = \text{最大値} - \text{最小値}$$

たとえば最大値が 56, 最小値が 11 の場合, レンジは $56 - 11 = 45$ と考えられます.

レンジは直感として理解しやすい指標ですが, 一番大きい値や一番小さい値が他のデータより飛びぬけている場合などは, 散らばりをあらわす指標としてよい指標になるとはいえないと考えられます.

1.3.3 偏差平方和を知る

各データが, 中央をあらわす平均値からどの程度離れているかを手がかりとして散らばりを表現することもあります. この場合, まず, 個々のデータについて平均値からの差を求めることにします. これを**偏差** (deviation) といいます.

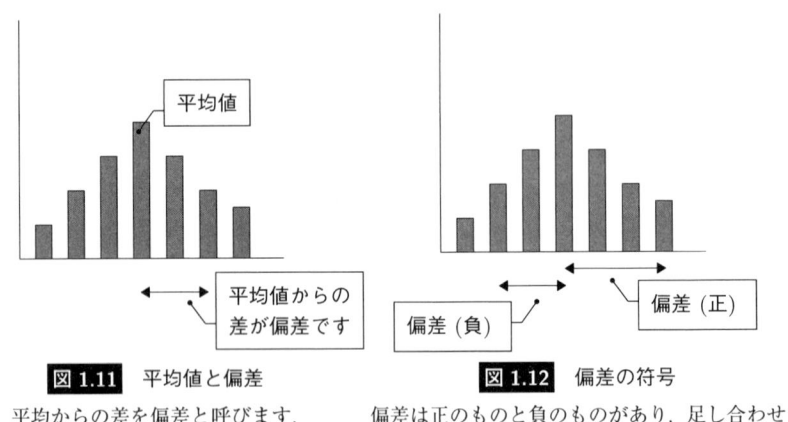

$$\text{偏差} = x_i - \bar{x}$$

図 1.11 平均値と偏差

平均からの差を偏差と呼びます.

図 1.12 偏差の符号

偏差は正のものと負のものがあり, 足し合わせると 0 となっています.

分布全体の散らばりを知るために, この各データの偏差をすべて足し合わせることにしましょう. ただし, ここで注意しなければならないのは, 各データにおいての平均からの離れ具合をあらわす偏差の値は, 正となる場合と負となる場合とがあり, すべての値を足し合わせると, 0 になってしまいます. これ

は平均値自身の定義によるものです.

そこで,偏差を単純に足し合わせるのではなく,偏差を二乗した値を足し合わせることにします.二乗することによってすべて正の値となるからです.このように,偏差を平方して総和をとった指標を,**偏差平方和**または**変動**と呼びます.偏差平方和(変動)は分布の散らばりの指標となります.

$$偏差平方和 = \sum_{i=1}^{n}(x_i - \bar{x})^2$$

偏差を二乗して足し合わせます

1.3.4 分散を知る

偏差平方和は分布の散らばりの指標として重要です.ただし,偏差平方和は,統計データとして採取したデータの個数が多かった場合には,値が大きくなってしまいます.このため,データ数が異なる分布においては,ばらつきの大小を比較することができません.散らばりの指標としてはデータの数に関わらない指標のほうが優れているといえそうです.

そこで,散らばりの指標としては,偏差平方和をデータ数で割った指標がよく使われます.データ数で割ることによって,データ数によらない指標とすることができます.これを**分散** (variance) と呼び,一般的に σ^2 であらわします.

$$\sigma^2 = \frac{\sum_{i=1}^{n}(x_i - \bar{x})^2}{n}$$

データ数で割ります

1.3.5 標準偏差を知る

なお,分散の使い方にも注意する必要があります.分散では,偏差を二乗しているため,収集されたデータの値と単位が異なってしまうことになります.

そこで分散の平方根をとった指標を使う場合があります.これを**標準偏差** (standard deviation) と呼び,一般的に σ であらわします.

$$\sigma = \sqrt{\frac{\sum_{i=1}^{n}(x_i - \bar{x})^2}{n}}$$ ← 平方根をとります

標準偏差によって，データと単位をあわせることができ，分布の上で散らばりを大まかに掴むことができます．

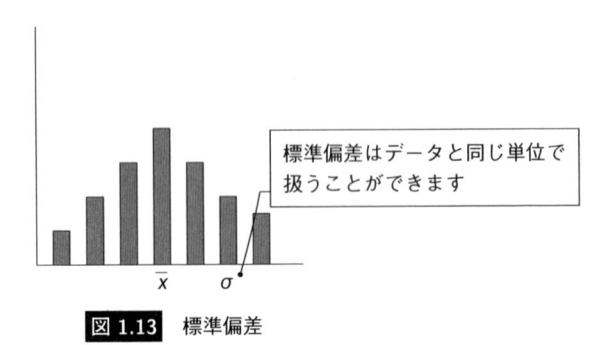

図 1.13 標準偏差

標準偏差はデータと同じ単位で扱うことができます．

なお，平均と同じように，分散を簡易的に度数分布表から計算する場合もあります．

分散 = {(階級値 1 − 平均)^2 × 度数 1 + (階級値 2 − 平均)^2 × 度数 2 + ⋯
+ (階級値 N − 平均)^2 × 度数 N} ÷ 度数合計

1.3.6　散らばりの指標を計算する

それでは既出の身長データについて，散らばりの指標を計算してみてください．

例題 4　例題 1 の身長データから，レンジ・分散・標準偏差を計算せよ．

解答　レンジ・分散・標準偏差は次のようになります．レンジと標準偏差の単位はセンチですが，分散の単位は異なりますので注意してください．

レンジ：$179.4 - 165.7 = 13.7$ (センチ)

分散：$\{(171.2 - 173.04)^2 + (170.5 - 173.04)^2 + (168.3 - 173.04)^2 + (179.4 - 173.04)^2 + (169.5 - 173.04)^2 + (170.2 - 173.04)^2 + (165.7 - 173.04)^2 + (175.6 - $

$173.04)^2 + (173.2 - 173.04)^2 + (178.9 - 173.04)^2 + (173.5 - 173.04)^2 + (176.1 - 173.04)^2 + (172.5 - 173.04)^2 + (173.6 - 173.04)^2 + (176.0 - 173.04)^2 + (173.8 - 173.04)^2 + (172.9 - 173.04)^2 + (173.6 - 173.04)^2 + (174.8 - 173.04)^2 + (171.5 - 173.04)^2\} \div 20 = 10.6734$

標準偏差：$\sqrt{10.6734} = 3.2670$ (センチ)

1.3.7　散らばりの指標の意味を考える

　分散や標準偏差の値が大きい分布は，平均からの差が大きいデータが多いということになります．逆にこれらの指標の値が小さい分布は，平均からの乖離が小さいデータが多かったということになります．

　たとえば，試験の点数の場合，分散や標準偏差が大きい場合には，よくできたものもあったが，かなり悪かったものも多かったといえそうです．逆に，分散や標準偏差が小さい場合には，平均点程度であったものが多かったということになります．散らばりの指標を計算する際には，イメージをよく掴むことが大切です．

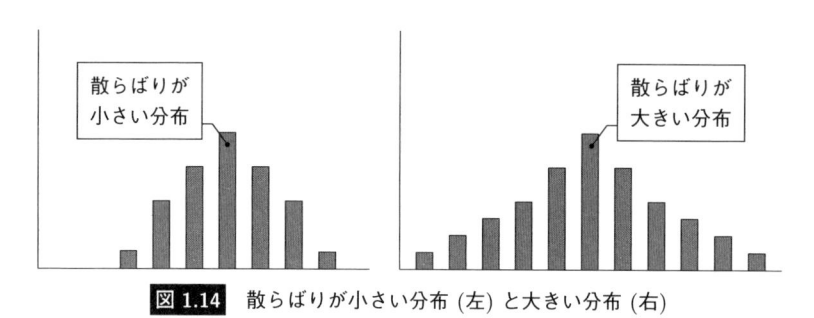

図 1.14　散らばりが小さい分布 (左) と大きい分布 (右)

1.3.8　表計算ソフトで計算する

　なお，コンピュータの表計算ソフトを使うと，これまでに紹介してきた統計的指標を簡単に計算することができます．一般的にパソコンで利用されている表計算ソフトの Excel では，次の関数や式を使って計算を行うことができます．表計算ソフトには多数の関数が用意されていますので，巻末の関数名を参考に，

調べてみてください.

表 1.2 表計算ソフト Excel による指標の計算

指標	関数	指標	関数
平均	AVERAGE ()	レンジ	MAX () - MIN ()
中央値	MEDIAN ()	分散	VARP ()
最頻値	MODE ()	標準偏差	STDEVP ()

練 習 問 題

1) 20人に英語のテストを実施した.次のデータから,分散・標準偏差を計算せよ.

単位:点

| 76 | 74 | 65 | 38 | 59 | 51 | 76 | 85 | 98 | 63 |
| 68 | 59 | 85 | 86 | 74 | 61 | 62 | 76 | 71 | 89 |

2) 次のテストに関する度数分布表から,分散・標準偏差を計算せよ.

階級 (点)	度数
51 ~ 60	3
61 ~ 70	6
71 ~ 80	7
81 ~ 90	2
91 ~ 100	2

2 データの「関係」を整理する

2.1 2次元データを整理する

2.1.1 データの関係を考える

1章では,個人の身長データや,1科目のテストの点数のような,1次元のデータを整理してみました.2章では,2次元データを整理する方法について紹介していきましょう.

1つの項目に対して2つのデータの組を採取し,その関係について考えようとする場合があります.たとえば,20人の学生に2科目のテストを行ったとしましょう.このとき英語・数学という2つの科目の得点データを採取し,この関係がどうなっているかを調べようという場合です.

表2.1 英語・数学の得点データ

学生	英語	数学	学生	英語	数学
1	76	64	11	68	65
2	74	62	12	59	67
3	65	58	13	85	66
4	38	40	14	86	63
5	59	61	15	74	61
6	51	48	16	61	62
7	76	89	17	62	45
8	85	75	18	76	76
9	98	95	19	71	51
10	63	54	20	89	75

2.1.2 散布図を知る

データの関係性を視覚的にわかりやすく捉えるためには,2次元座標を使う

と便利です．2次元データの値をそれぞれ x 軸と y 軸の値としてプロットするのです．

たとえば，英語の点数を x 軸上に，数学の点数を y 軸上にとってプロットします．これを**散布図**といいます．

例題5 表2.1の2科目の得点データについて散布図を作成せよ．

解答

数学の点数を y 軸上にとります

英語と数学の点数の関係について読み取ることができます

英語の点数を x 軸上にとります

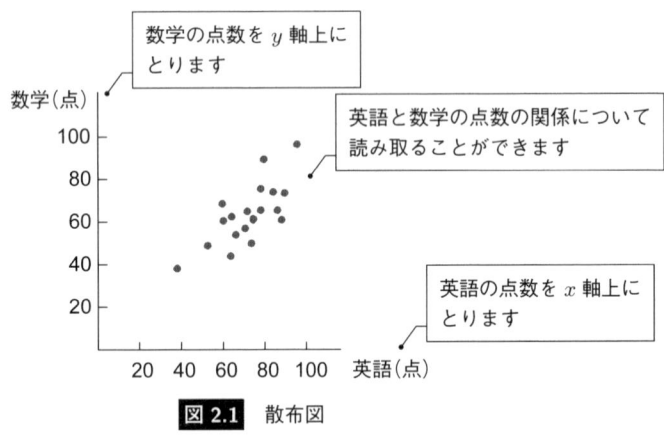

図 2.1 散布図

2次元データを x 座標と y 座標に記録します．

散布図によって，2次元データの分布が読み取りやすくなります．このテストの点数の場合，全体として右上がりにプロットされ，おおよそ英語の点数が高い場合には数学の点数も高いという傾向が読み取れるでしょう．

2.1.3　相関を知る

英語・数学の点数データのように，組になったデータ同士に関係性が考えられるとき，その関係性を**相関** (correlation) と呼びます．それではどんな相関があるのでしょうか．

表2.1の学力テストの場合，おおよそ英語の点数が高い場合には数学の点数も高いという相関が読み取れます．このように，2次元データの場合，一方の増減に対してもう一方がどうなっているかという相関が考えられます．

図 2.2 をみてください. 1 番目の図では x が増加すれば y も増加するという相関が読み取れます. 2 番目の図では x が増加すれば y は減少しています. また 3 番目の図ではデータの相関は読み取れないようにもみえます.

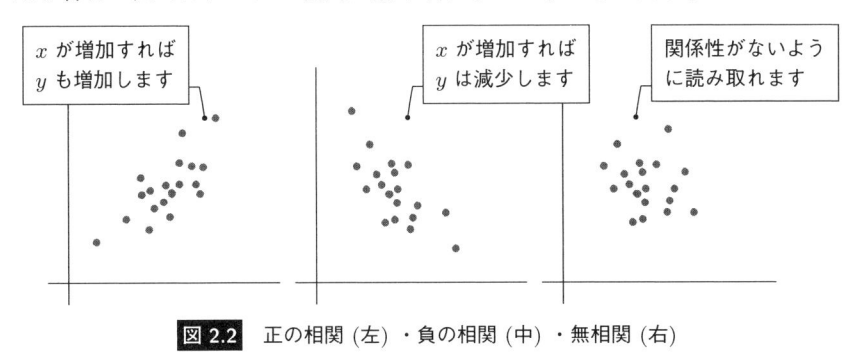

図 2.2 正の相関 (左)・負の相関 (中)・無相関 (右)

一方が増えるともう一方が増える関係を**正の相関**といいます. 一方が増えるともう一方が減少する関係を**負の相関**といいます. 2 つのデータに関係が読み取れない場合を**無相関**と呼びます.

先にあげた英語と数学のテストの場合は, 正の相関があるのではないかと考えられます.

2.1.4 相関について読みとくには

しかし, 2 つのデータの組み合わせに相関があるとしても, その分析を行う際には注意をしなければなりません. もし 2 つの変数に正の相関が読み取れたとしても, それはただの偶然かもしれません. 相関があったとしても, 見かけ上の関係でしかない場合があるのです. 相関関係について読みとく場合には注意する必要があります.

練習問題

1) 20 人の学生について身長・体重データを計測した. 次のデータから散布図を作成せよ.

24 2. データの「関係」を整理する

単位：身長・センチ，体重・キロ

身長	171.2	170.5	168.3	179.4	169.5	170.2	165.7	175.6	173.2	178.9
体重	60.7	70.8	59.6	63.8	62.7	58.3	57.1	65.2	63.6	76.5
身長	173.5	176.1	172.5	173.6	176.0	173.8	172.9	173.6	174.8	171.5
体重	65.8	71.8	62.4	63.6	68.2	62.8	65.9	69.5	66.7	64.8

2) 次のデータから散布図を作成せよ．

(統計局，平成 22 年度家計調査年報，1 世帯あたり 1 か月の支出・収入)

	平成 15 年	16	17	18	19	20	21	22
消費 (円)	266432	267779	266508	258086	261526	261306	253720	252328
年間収入 (万円)	570	563	554	551	553	547	535	521

3) 次のデータから散布図を作成せよ．

(統計局，平成 22 年度家計調査年報，1 世帯あたり 1 か月の支出，米と肉)
単位：円

	平成 15 年	16	17	18	19	20	21	22
米	2432	2437	2163	2020	1994	2012	1961	1846
肉類	4704	4676	4779	4722	4837	5082	4930	4768

2.2 共分散と相関係数

2.2.1 共分散を知る

2 次元データを散布図にあらわせば，視覚的に 2 次元データの関係性を読み取ることができます．しかし視覚的な印象だけでは関係性について深く理解することはできません．

そこで 2 次元データの関係性である「相関」を，数値化する方法についてみてみましょう．

相関の程度をあらわすためには，まず個々のデータについて，平均からの差である偏差を使って考えます．ここでは 2 方向の偏差がありますので，x に関

する偏差と y に関する偏差の「積」をとって考えることにします．

$$(x_i - \bar{x})(y_i - \bar{y})$$

さて，個々のデータ (x_i, y_i) についてこの偏差積の値をみると，平均を中心とした4つの領域で，それぞれ次のような符号をもつことになります．

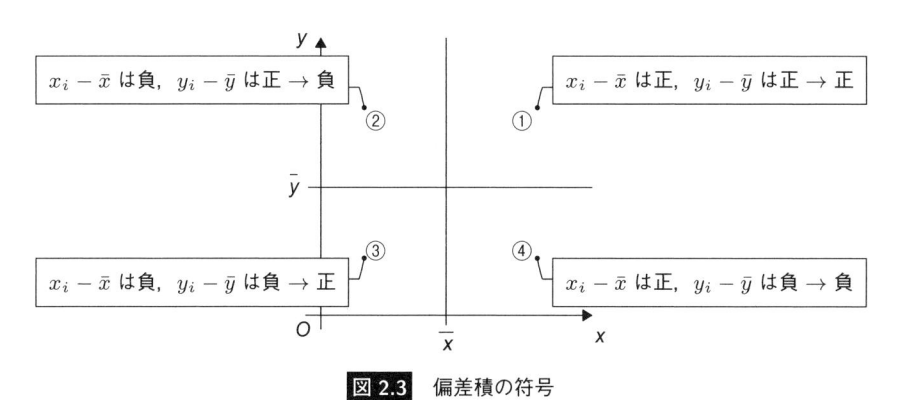

図 2.3 偏差積の符号

- ② $x_i - \bar{x}$ は負，$y_i - \bar{y}$ は正 → 負
- ① $x_i - \bar{x}$ は正，$y_i - \bar{y}$ は正 → 正
- ③ $x_i - \bar{x}$ は負，$y_i - \bar{y}$ は負 → 正
- ④ $x_i - \bar{x}$ は正，$y_i - \bar{y}$ は負 → 負

平均を境界とした4つの領域で偏差積の符号が変わります．

そこで，すべてのデータについてこの偏差積を足し合わせた総和を考えてみます．偏差積の総和の符号はどうなるでしょうか．

$$\sum_{i=1}^{n}(x_i - \bar{x})(y_i - \bar{y})$$

正の相関があるなら，右上がりの関係が読み取れますから，図中の①と③に位置するデータが多く，総和の符号は正になるはずです．逆に負の相関があるなら，右下がりの関係となりますから図中の②と④に位置するデータが多く，総和の符号は負になるはずです．また，図中の①〜④に均等に位置しているならば値は0に近いことになります．したがって，この偏差積の総和の符号を調べれば，相関を読み取れることになります．

ただし上式の値は分析対象となるデータの個数が多くなると，全体の値が大きくなってしまうという問題があります．20人のデータよりも50人のデータのほうが大きくなってしまうわけです．

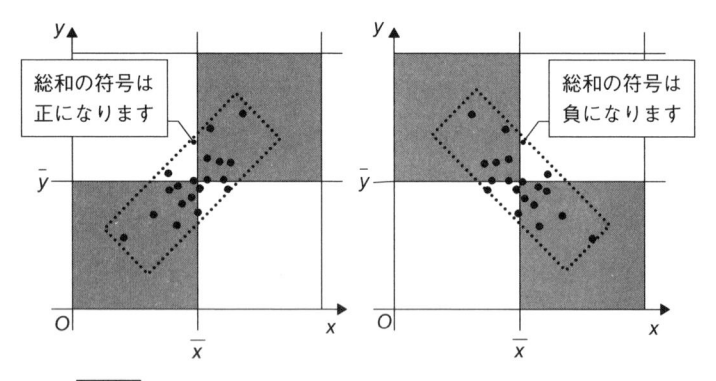

図 2.4 正の相関がある場合 (左) 負の相関がある場合 (右)
偏差積の総和の符号から関係性を読み取ることができます.

どのようなデータ数でも関係性の度合いを比較できるようにするために，通常は上記の値をデータ数で割った指標を使用することが有用です．この値を**共分散** (covariance) といいます.

$$共分散 = \frac{\sum_{i=1}^{n}(x_i - \bar{x})(y_i - \bar{y})}{n}$$

← データ数で割ります

共分散は，正の相関がある場合に正の値，負の相関がある場合に負の値をとります．相関があまりない場合には 0 に近づき，完全に無相関の場合には 0 となります.

2.2.2 共分散を求める

それでは既出の英語・数学のデータについて，共分散を求めてみましょう.

例題 6 英語・数学の得点データについて，2 科目の点数の共分散を求めよ.

解答 まず，x, y の平均値を求めます.

x の平均値：$(76 + 74 + \cdots + 89) \div 20 = 70.8$

y の平均値：$(64 + 62 + \cdots + 75) \div 20 = 63.85$

したがって共分散は次のようになります．共分散の値から，正の相関があることがわかります．

$[\{(76 - 70.8) \times (64 - 63.85)\} + \{(74 - 70.8) \times (62 - 63.85)\} + \cdots + \{(89 - 70.8) \times (75 - 63.85)\}] \div 20 = 139.37$

2.2.3 相関係数を知る

共分散は，相関をみるために有用な指標です．共分散によって，繰り返し行われた複数回のテスト同士の点数の相関の度合いを比較するといった，同じ種類のデータの関係性の比較ができます．しかし共分散は，データの単位が異なると比較が不可能になってしまいます．データの種類が異なってしまうと，共分散では関係性の強さを比較することができなくなってしまうのです．

そこで，単位に関係しない指標として**相関係数** (correlation coefficient) を使うことがよくあります．相関係数は共分散を x の標準偏差と y の標準偏差で割ったもので，r であらわすことがあります．

$$r = \frac{\sum_{i=1}^{n}(x_i - \bar{x})(y_i - \bar{y})/n}{\sqrt{\sum_{i=1}^{n}(x_i - \bar{x})^2/n}\sqrt{\sum_{i=1}^{n}(y_i - \bar{y})^2/n}}$$

（分子：共分散です／分母左：x の標準偏差です／分母右：y の標準偏差です）

相関係数 r は完全な正の相関の場合に 1，完全な負の相関がある場合に -1 となります．相関があまりない場合には 0 に近づき，完全な無相関の場合に 0 となります．相関係数の範囲は $-1 \leq r \leq 1$ であり，どのような種類の 2 次元データであっても，相関の度合いを示す指標として利用することができます．

2.2.4 相関係数を求める

それでは先ほどのデータについて，相関係数も求めておきましょう．

例題 7 英語・数学の得点データについて，2 科目の点数の相関係数を求めよ．

解答 xy の共分散,x の標準偏差,y の標準偏差を求めます.

xy の共分散:139.37

x の標準偏差:$\sqrt{\{(76-70.8)^2+(74-70.8)^2+\cdots+(89-70.8)^2\}\div 20}$
$= 13.837$

y の標準偏差:$\sqrt{\{(64-63.85)^2+(62-63.85)^2+\cdots+(75-63.85)^2\}\div 20}$
$= 13.249$

したがって相関係数は次のようになります.

$139.37 \div (13.837 \times 13.249) = 0.7602$

練習問題

1) 次の身長・体重データの散布図を作成し,共分散,相関係数を求めよ.

単位:身長・センチ,体重・キログラム

身長	171.2	170.5	168.3	179.4	169.5	170.2	165.7	175.6	173.2	178.9
体重	60.7	70.8	59.6	63.8	62.7	58.3	57.1	65.2	63.6	76.5
身長	173.5	176.1	172.5	173.6	176.0	173.8	172.9	173.6	174.8	171.5
体重	65.8	71.8	62.4	63.6	68.2	62.8	65.9	69.5	66.7	64.8

2) 次のデータの散布図を作成し,共分散,相関係数を求めよ.

(統計局,平成 22 年度家計調査年報,1 世帯あたり 1 か月の支出,米とパン)
単位:円

米	2,432	2,437	2,163	2,020	1,994	2,012	1,961	1,846
パン	1,884	1,925	1,829	1,844	1,892	1,962	1,989	1,950

2.3 回帰直線をあてはめる

2.3.1 回帰直線を知る

2 次元データの関係性を,相関としてとらえることを紹介してきました.相関においては,2 つのデータを対等なものとしてとらえ,その関係性を考えま

す．しかし，2次元データの関係性はこれだけではありません．一方のデータがもう一方のデータの原因となっており，一方が他方を説明するという因果関係を考えることができる場合があります．

たとえば，給与と年齢の関係について調べたとしましょう．年齢が上がるにしたがって，得ている給与も上がっている関係が読み取れる場合に，「年齢が給与の値を説明しているのではないか」と考えることは妥当な考え方といえるでしょう．

このような関係を**回帰** (regression) といいます．ここでは回帰について学んでいきましょう．

最も単純な回帰は，データに1次直線であらわされる関係があると考えることです．散布図にプロットしたデータに最もあてはまる1次直線の関係があると考えるのです．この直線を**回帰直線** (regression line) といいます．

回帰直線を次の1次直線であらわすとき，a, b を**回帰係数**と呼びます．x を**独立変数 (説明変数)**，y を**従属変数 (被説明変数)** といいます．

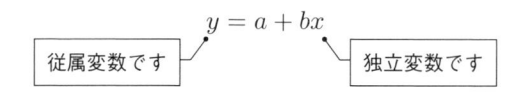

$$y = a + bx$$

従属変数です　　　　　　　　独立変数です

上の例のように，年齢が給与を説明していると考えられる場合には，年齢が独立変数，給与が従属変数であると考えられます．

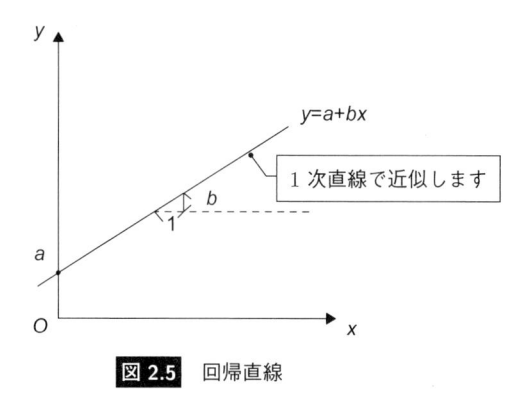

図 2.5 回帰直線

切片 a，傾き b の1次直線で近似する場合があります．

2.3.2 回帰直線の意味を考える

それでは回帰直線はどのように求めればいいのでしょうか．このためには回帰直線についてもう少し考えてみることにしましょう．

回帰直線には x で y を説明するという意味があります．たとえば回帰直線 $y = 3 + 2x$ を当てはめることができるとするなら，$x_i = 1$ という値に対して $\hat{y}_i = 5$ という値が回帰直線で説明される理論的な値ということになります．

しかし実際に観察される値を y_i とすれば，y_i は理論値 $\hat{y}_i$ どおりとなるわけではないでしょう．つまり $y_i - \hat{y}_i$ は実測値と理論値 (予測値) の差となります．これは回帰直線で説明できない部分であり，**残差** (residual) と呼ばれます．

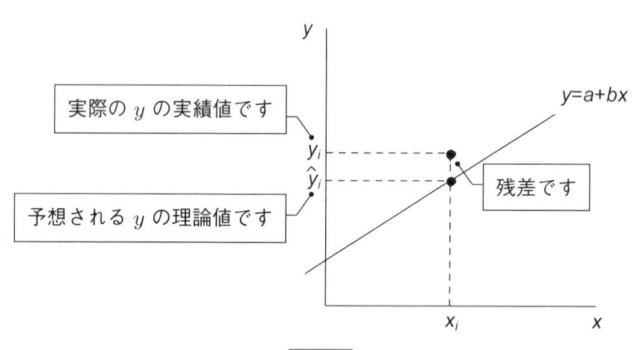

図 2.6 実績値・理論値・残差

実績値と，回帰直線にあてはめた理論値は一致するとは限りません．実績値と理論値の差は残差と呼ばれます．

2.3.3 最小二乗法を知る

回帰直線を求めるためには，各データの残差をできるだけ小さくする方法を考えます．まず残差について考えてみると，理論値 $\hat{y}_i$ の定義から，残差 $y_i - \hat{y}_i$ は次のように書くことができます．

$$y_i - (a + bx_i)$$

ここで残差を 2 乗し，すべてのデータについて総和を考えます．これを**残差平方和**といいます．

$$L = \sum_{i=1}^{n}(y_i - (a+bx_i))^2$$

この残差平方和 L を最小にする直線を回帰直線と考えるのです．このような回帰直線の求め方を**最小二乗法** (least squares method) といいます．

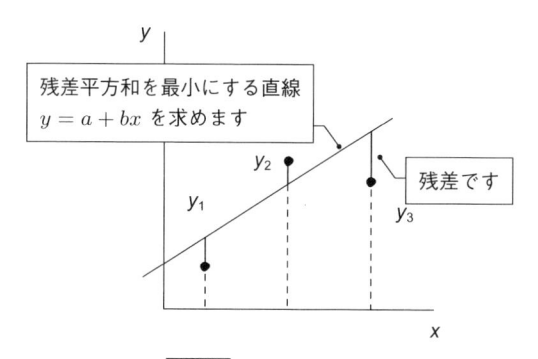

図 2.7 回帰直線の求め方

残差平方和が最小となる回帰直線を求めます．

L を最小にするためには，L を a, b について偏微分した値が 0 となるようにします．偏微分は2つ以上変数がある場合に他の変数を固定し，該当する変数のみを動かして微分するもので，ここでは次のように条件を記述します．

$$\frac{\partial L}{\partial a} = 0, \quad \frac{\partial L}{\partial b} = 0$$

この計算を行って，回帰係数 a, b を求めてみましょう．難しく感じる場合にも，計算をたどって意味を掴んでおくと理解しやすくなります．まず L について計算しておきましょう．

$$\begin{aligned}
L &= \sum_{i=1}^{n}(y_i - (a+bx_i))^2 \\
&= \sum_{i=1}^{n}\{y_i{}^2 - 2(a+bx_i)y_i + (a+bx_i)^2\} \\
&= \sum_{i=1}^{n}(y_i{}^2 - 2ay_i - 2bx_iy_i + a^2 + 2bax_i + b^2x_i{}^2)
\end{aligned}$$

L を a, b について偏微分した式は次のようになります．

$$\frac{\partial L}{\partial a} = -2\sum_{i=1}^{n}(y_i - (a + bx_i)) = 0 \qquad (①)$$

$$\frac{\partial L}{\partial b} = -2\sum_{i=1}^{n}x_i(y_i - (a + bx_i)) = 0 \qquad (②)$$

①②を書き換えると次のようになります．

$$\sum_{i=1}^{n}y_i - na - b\sum_{i=1}^{n}x_i = 0 \qquad (①')$$

$$\sum_{i=1}^{n}x_iy_i - a\sum_{i=1}^{n}x_i - b\sum_{i=1}^{n}x_i{}^2 = 0 \qquad (②')$$

$\sum_{i=1}^{n}x_i/n$ が x の平均 $(=\bar{x})$，$\sum_{i=1}^{n}y_i/n$ が y の平均 $(=\bar{y})$ であることから，平均に n をかけることによって，①' は次のように書くことができます．

$$n\bar{y} - na - nb\bar{x} = 0$$

したがって a は次のようになります．

$$a = \bar{y} - b\bar{x}$$

これを②' に代入します．

$$\sum_{i=1}^{n}x_iy_i - (\bar{y} - b\bar{x})\sum_{i=1}^{n}x_i - b\sum_{i=1}^{n}x_i{}^2 = 0$$

$$\sum_{i=1}^{n}x_iy_i - (\bar{y} - b\bar{x})n\bar{x} - b\sum_{i=1}^{n}x_i{}^2 = 0$$

$$\sum_{i=1}^{n}x_iy_i - n\bar{x}\bar{y} = b\left(\sum_{i=1}^{n}x_i{}^2 - n\bar{x}^2\right)$$

したがって b は次のようになります．

$$b = \frac{\sum_{i=1}^{n}x_iy_i - n\bar{x}\bar{y}}{\sum_{i=1}^{n}x_i{}^2 - n\bar{x}^2}$$

これで回帰係数 a, b を求めることができました．

2.3.4 最小二乗法で求める

それでは実際に回帰直線を求めてみましょう．

例題 8 英語・数学の得点データについて，2 科目の点数の回帰直線を最小二乗法によって求めよ．

解答 これまでの説明から，次の式が成り立ちます．

$$a = \bar{y} - b\bar{x}$$

$$b = \frac{\sum_{i=1}^{n} x_i y_i - n\bar{x}\bar{y}}{\sum_{i=1}^{n} x_i^2 - n\bar{x}^2}$$

$\bar{x} = 70.8$，$\bar{y} = 63.85$ であることに注意してください．

b について：$\{(76 \times 64 + 74 \times 62 + 65 \times 58 + 38 \times 40 + 59 \times 61 + 51 \times 48 + 76 \times 89 + 85 \times 75 + 98 \times 95 + 63 \times 54 + 68 \times 65 + 59 \times 67 + 85 \times 66 + 86 \times 63 + 74 \times 61 + 61 \times 62 + 62 \times 45 + 76 \times 76 + 71 \times 51 + 89 \times 75) - 20 \times 70.8 \times 63.85\}/\{(76^2 + 74^2 + 65^2 + 38^2 + 59^2 + 51^2 + 76^2 + 85^2 + 98^2 + 63^2 + 68^2 + 59^2 + 85^2 + 86^2 + 74^2 + 61^2 + 62^2 + 76^2 + 71^2 + 89^2) - 20 \times 70.8^2\} = 0.7279$．

a について：$63.85 - 0.7279 \times 70.8 = 12.31$．

したがってこの場合には次の回帰直線が求められることになります．

$$y = 12.31 + 0.7279x$$

ただしこの回帰係数の計算は，実務上は表計算ソフトなどを始めとしたコンピュータのソフトウェアによって求めることが普通です．ソフトウェアを使えば，回帰係数を簡単に求めることができます．

2.3.5 回帰直線の傾きとは

ところで回帰係数についてもう少しみておくことにしましょう．回帰係数 b の分子と分母をさらに変形してみます．

$$\text{分子}: \sum_{i=1}^{n} x_i y_i - n\bar{x}\bar{y} = \sum_{i=1}^{n}(x_i - \bar{x})(y_i - \bar{y})$$

$$\text{分母}: \sum_{i=1}^{n} x_i^2 - n\bar{x}^2 = \sum_{i=1}^{n}(x_i - \bar{x})^2$$

この分子と分母を n で割ると，次のようになります．つまり回帰直線の傾き b の分子は xy の共分散，分母は x の分散となっていることがわかります．

$$b = \frac{\sum_{i=1}^{n}(x_i - \bar{x})(y_i - \bar{y})/n \quad \text{共分散です}}{\sum_{i=1}^{n}(x_i - \bar{x})^2/n \quad x \text{の分散です}}$$

● 重回帰分析 ●

ところで，ここでは回帰直線として 1 次直線を使用しました．これを**単回帰分析**といいます．しかし，データによっては複数の変数を使用した平面などに回帰させることを考えるべき場合もあります．これを**重回帰分析**といいます．

2.3.6　決定係数を知る

なお回帰直線のあてはまりのよさをあらわす指標として**決定係数**が使われることがあります．決定係数は一般的に r^2 であらわされます．

$$r^2 = \frac{\sum_{i=1}^{n}(y_i - \bar{y})^2 \; \text{偏差平方和です (①)} \; - \sum_{i=1}^{n}(y_i - \hat{y}_i)^2 \; \text{残差平方和です (②)}}{\sum_{i=1}^{n}(y_i - \bar{y})^2 \; \text{偏差平方和です (①)}}$$

この式の分子は偏差平方和と残差平方和の差 (①–②) になっています．偏

差平方和は各データの平均からのずれをあらわします (①)．一方，残差平方和は各データの回帰直線による理論値からのずれ (回帰直線で説明されないずれ) をあらわします (②)．

(①−②) /①を計算していますから，この決定係数 r^2 の式は，データが回帰直線で説明される割合をあらわしています．

決定係数 r^2 は実績値が完全に回帰直線にあてはまる場合には 1 となります．1 に近いほどあてはまりがよいと考えられます．

例題 9 例題 8 で求めた回帰直線について，決定係数を計算せよ．

解答

偏差平方和：
$$\sum_{i=1}^{n}(y_i - \bar{y})^2 = (64 - 63.85)^2 + (62 - 63.85)^2 + \cdots + (75 - 63.85)^2$$
$$= 3510.55$$

残差平方和：
$$\sum_{i=1}^{n}(y_i - \hat{y}_i)^2 = \{64 - (12.31 + 0.7279 \times 76)\} + \cdots$$
$$+ \{75 - (12.31 + 0.7279 \times 89)\}$$
$$= 1481.51$$

決定係数：$(3510.55 - 1481.51) \div 3510.55 = 0.5780$

練 習 問 題

1) 次の 10 人の月間収入・支出額から回帰直線を求めよ．

単位：万円

番号	1	2	3	4	5	6	7	8	9	10
収入 (X)	16.2	18.7	22.1	35.2	26.2	25.6	19.8	25.7	24.4	19.2
支出 (Y)	3.5	5.6	7.8	16.8	10.1	12.1	6.8	6.7	8.1	9.5

2) 次の年度別 GDP・エネルギー供給量について，回帰直線を求めよ．

(内閣府:2009 国民経済計算,統計局:2012 日本統計年鑑より作成)
単位:GDP・10 億円
1 次エネルギー供給量・ペタジュール

	GDP(X)	1 次エネルギー供給量 (Y)
1990 年	451,683.0	19,657
1991 年	473,607.6	20,221
1992 年	483,255.6	20,330
1993 年	482,607.6	20,494
1994 年	489,378.8	21,357
1995 年	497,740.0	22,001
1996 年	509,095.8	22,275
1997 年	513,612.9	22,447
1998 年	503,324.1	22,054
1999 年	499,544.2	22,410
2000 年	504,118.8	22,761
2001 年	493,644.7	22,429
2002 年	489,875.2	22,473
2003 年	493,747.5	22,352
2004 年	498,490.6	22,888
2005 年	503,186.7	22,757
2006 年	510,937.6	22,881
2007 年	515,804.3	23,022
2008 年	492,067.0	21,853
2009 年	474,040.2	20,893

3

確率分布を考える

3.1 確率分布の意味を知る

3.1.1 相対度数を計算する

1章では1次元データの整理を，2章では2次元データの整理をしてきました．これらの知識は記述統計の基礎となっています．さて，この章からは推測統計の基礎について学んでいきましょう．

1章で紹介した身長データについて思い出してみてください．私たちは身長データを度数分布表に整理しました．このとき，各階級について，「度数÷総データ数」の値を考えると有用なことがあります．全体に対する各階級の相対的な度数を求めるのです．この値を**相対度数** (relative frequency) と呼びます．

表 3.1 度数分布表 (身長データ)

階級 (センチ)	階級値 (センチ)	度数	相対度数
165 ~ 166	165.5	1	0.05
166 ~ 167	166.5	0	0
167 ~ 168	167.5	0	0
168 ~ 169	168.5	1	0.05
169 ~ 170	169.5	1	0.05
170 ~ 171	170.5	2	0.1
171 ~ 172	171.5	2	0.1
172 ~ 173	172.5	2	0.1
173 ~ 174	173.5	5	0.25
174 ~ 175	174.5	1	0.05
175 ~ 176	175.5	2	0.1
176 ~ 177	176.5	1	0.05
177 ~ 178	177.5	0	0.05
178 ~ 179	178.5	1	0.05
179 ~ 180	179.5	1	0.05
合計		20	1

相対度数を考えることができます

3.1.2 離散型の確率分布とは

相対度数は，全体における各階級の値があらわれる割合をあらわしています．このような割合は，全体の中で，各階級値のデータがあらわれる「**確率** (probability)」とも考えることができます．たとえば，学生の身長はいろいろなデータをとりえますが，173センチ台である確率は0.25であるというわけです．各階級の相対度数(確率)をすべて足し合わせると1となります．

身長データのように，さまざまな値をとりうる変数を**確率変数** (probability variable) といいます．確率変数 X がある値 x_i をとる確率をあらわしたものを，**確率分布** (probability distribution) と呼びます (図3.1)．身長を1ミリ単位で計測した場合のように，とびとびの値で観測される分布を離散型の確率分布といいます．

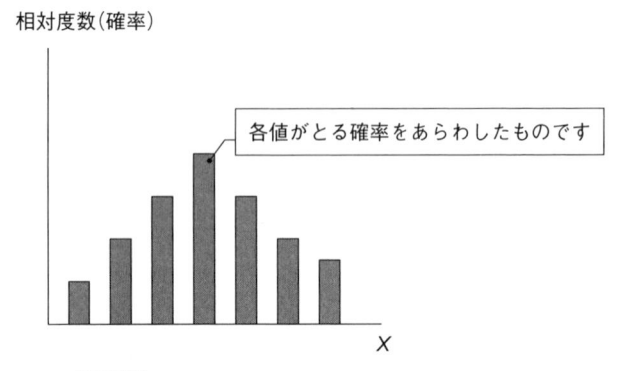

図 3.1 離散型の確率分布

確率変数を横軸に，確率変数がとる確率を縦軸にあらわします．

3.1.3 連続型の確率分布とは

ところで，この階級数を無限に増やし，棒グラフの幅を0に近づけていくことを考えてみてください (図3.2)．このとき確率変数 X の値が連続的に変化する場合の確率分布を考えることができます．

図3.3をみてください．連続型の場合，ab 間の網掛け部分の面積は，X の値 x が $a \leq x \leq b$ である確率となります．棒の幅が0なので，ある1点である確

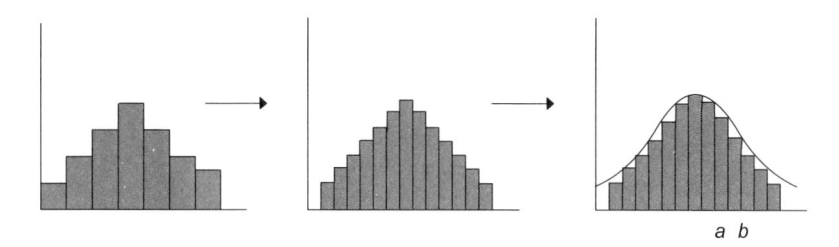

図 3.2 棒グラフの幅を無限に狭くする

棒グラフの幅を無限に狭くして連続的に変化する確率変数を考えます．率は 0 であることが離散型と違う点になっています．

連続型の確率分布は**確率密度関数** (probability density function) を使ってあらわされます．確率密度関数の曲線と X 軸に囲まれた部分の面積は全体で 1 となっていることに注意する必要があります．

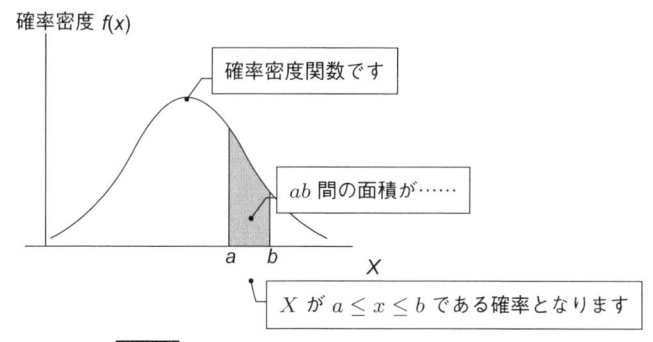

図 3.3 連続型の確率分布

連続型の確率分布では確率密度関数と横軸に囲まれた部分の面積が確率となります．

練習問題

1) ○×で答えよ．
   ① 相対度数の総和は 0 である．
   ② 離散型の確率分布をグラフにあらわすには縦軸に確率をとる．
   ③ 連続型の確率分布をグラフにあらわすには縦軸に確率をとる．

3.2 正規分布を知る

3.2.1 正規分布とは

確率分布にはさまざまな種類が知られています．ここでは最もよく仮定される連続型の確率分布である正規分布を紹介しましょう．

正規分布 (normal distribution) は中心が最も高く左右対称のつりがね型の分布となっています．人間の身長データや，自然に発生する製品の誤差など，自然界に存在するデータを調べると，正規分布となると考えられるものが多くあります．

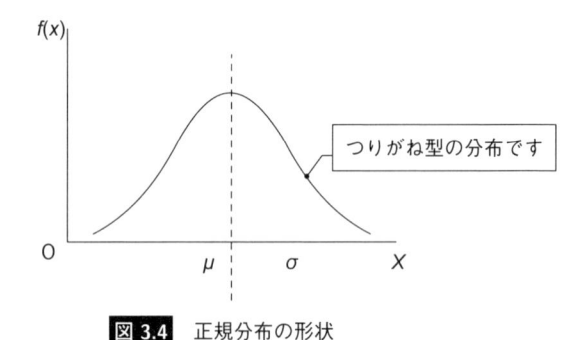

図 3.4 正規分布の形状

正規分布は左右対称のつりがね型をしています．

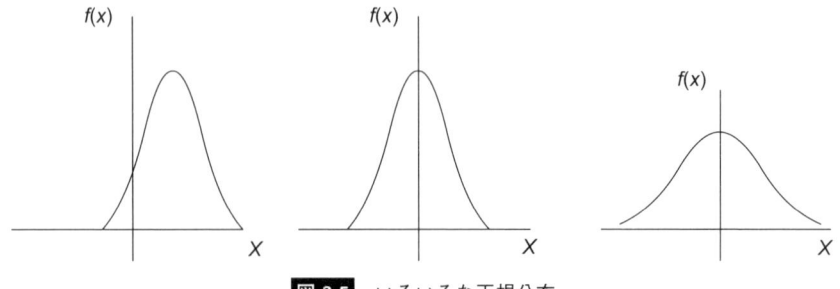

図 3.5 いろいろな正規分布

正規分布は平均と標準偏差によって形状が決まります．

正規分布は平均値・中央値・最頻値が一致しており，平均 μ と標準偏差 σ の値によって形状が決まっています．

たとえば図 3.5 において，左図の正規分布は中図の正規分布と標準偏差は同じですが，平均が大きくなっています．右図の正規分布は中図の正規分布と平均は同じですが，標準偏差が大きくなっています．

3.2.2 正規分布の特徴を知る

正規分布では，X 軸と確率密度関数に囲まれた面積 (確率) が次のようになることが知られています．

- $\mu - \sigma \leq x \leq \mu + \sigma$ である確率は全体の約 68%
- $\mu - 2\sigma \leq x \leq \mu + 2\sigma$ である確率は全体の約 95%
- $\mu - 3\sigma \leq x \leq \mu + 3\sigma$ である確率は全体の約 99.7%

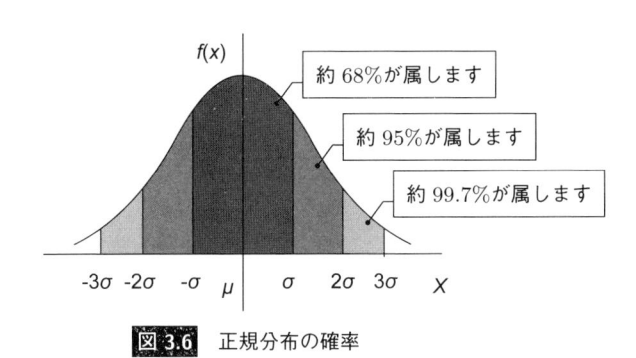

図 3.6 正規分布の確率

正規分布では平均と標準偏差を用いた範囲の確率がよく知られています．

この確率を利用すれば，いくつかの事柄を分析することができます．

たとえば，ある学校の男子生徒の身長が，平均 $\mu = 172$，標準偏差 $\sigma = 6$ の正規分布にしたがうことがわかっているものとしましょう．このとき，この学校の男子生徒の約 68% は，身長 $166 \sim 178$ センチの範囲におさまっていることがわかります．$172 - 6 \sim 172 + 6$ が全体の 68% であると知られているからです (図 3.7)．

```
    f(x)
         約 68%が属します
         約 95%が属します
         約 99.7%が属します
154 160 166 172 178 184 190  X
```

図 3.7 正規分布による分析

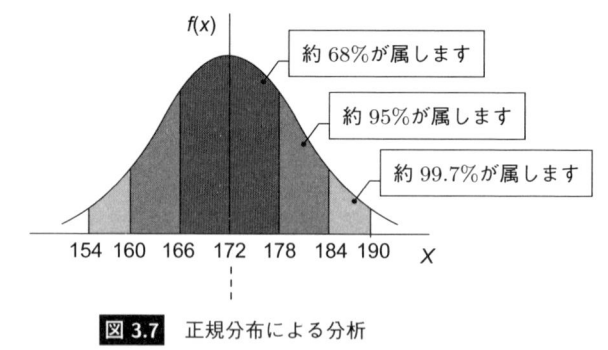

正規分布の確率から，データの割合を知ることができます．

なお，平均 μ，分散 σ^2 の正規分布は，一般に次の確率密度関数であらわされます．

正規分布
- 平均　　　　　μ
- 分散　　　　　σ^2
- 確率密度関数　$f(x) = \dfrac{1}{\sqrt{2\pi}\sigma} e^{-\frac{1}{2}\left(\frac{x-\mu}{\sigma}\right)^2}$

正規分布は平均と分散を使って $N(\mu, \sigma^2)$ という記号であらわすこともあります．

3.2.3　標準正規分布を知る

先ほども紹介したように，正規分布では平均と標準偏差を使った範囲の確率がよく知られています．ところで，その他の区間の確率を求めるにはどうしたらよいでしょうか．確率変数がとるある区間の確率を求めるには，確率密度関数を積分して面積を求めればよいことになります．

しかし，一般的に統計を利用する場合には，正規分布の確率密度関数から確率を計算するのは煩雑です．そこでまず標準的な正規分布を決めておき，この標準的な正規分布に関する面積と，確率変数の値との対応表を利用することが行われています．

標準的な正規分布としては，平均 0，分散 1 の正規分布が利用されます．この正規分布 $N(0,1)$ は**標準正規分布** (standard normal distribution) と呼ばれています（図 3.8）．対応表は**標準正規分布表**と呼ばれます．

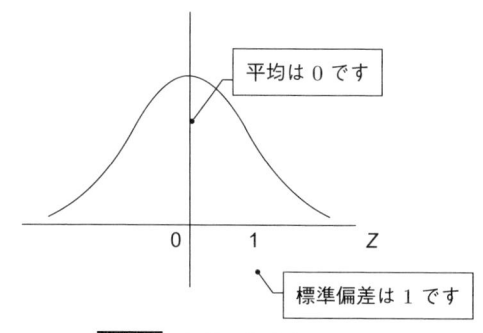

図 3.8 標準正規分布

平均 0，標準偏差 1 の正規分布を標準正規分布とします．

3.2.4 標準正規分布表を使う

標準正規分布表の一部をみてみましょう（表 3.2）．この表には，標準正規分布にしたがう確率変数 Z の値が z 以上になる確率（網掛部の面積）が与えられています．Z が z 以上である確率は**上側確率**と呼ばれます．たとえば Z が 1.96 以上となる上側確率の値は，表の縦方向 1.9 と横方向 0.06 が交わった場所にある 0.02500 となっています．Z が 1.96 以上となる確率は，約 2.5% であるわけです（図 3.9）．

表 3.2 標準正規分布表の一部（上側確率）

Z	0	0.01	0.02	0.03	0.04	0.05	0.06
⋮	⋮	⋮	⋮	⋮	⋮	⋮	⋮
1.5	0.06681	0.06552	0.06426	0.06301	0.06178	0.06057	0.05938
1.6	0.05480	0.05370	0.05262	0.05155	0.05050	0.04947	0.04846
1.7	0.04457	0.04363	0.04272	0.04182	0.04093	0.04006	0.03920
1.8	0.03593	0.03515	0.03438	0.03362	0.03288	0.03216	0.03144
1.9	0.02872	0.02807	0.02743	0.02680	0.02619	0.02559	0.02500

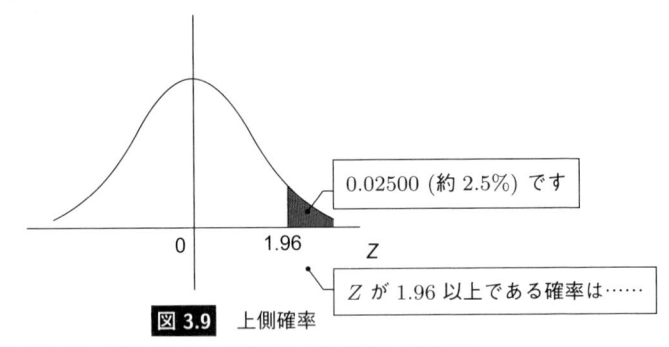

3. 確率分布を考える

図 3.9 上側確率

(グラフ: 0 と 1.96 を示す正規分布曲線、1.96以上の領域に「0.02500 (約2.5%) です」「Z が 1.96 以上である確率は……」の注釈)

確率変数がある値以上をとる確率を上側確率と呼びます．

さて，この標準正規分布表を利用するためには，ある正規分布にしたがう確率変数 X がとるデータ x について，平均・標準偏差の調整を行うことが必要です．これを**標準化**といいます．標準化は次の手順で行うことになります．

① 平均を引く
② 標準偏差で割る

したがって標準化した値は次の式で得られることになります (図 3.10)．

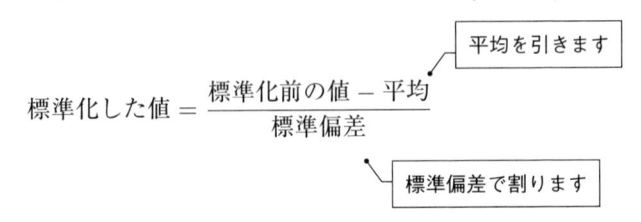

$$標準化した値 = \frac{標準化前の値 - 平均}{標準偏差}$$

（平均を引きます／標準偏差で割ります）

標準化した値を z，標準化する前の値を x，平均を μ，標準偏差を σ であらわせば次の式で書けるでしょう．

$$z = \frac{x - \mu}{\sigma}$$

たとえば身長データの事例で考えてみましょう．平均 $\mu = 172$，標準偏差 $\sigma = 6$ の場合，身長 174 センチというデータについて標準化を行うと次のようになります．

$$\frac{174 - 172}{6} = 0.33$$

（標準化を行います）

つまり 174 を標準化した値は 0.33 となるわけです．$Z = 0.33$ のときの上側確

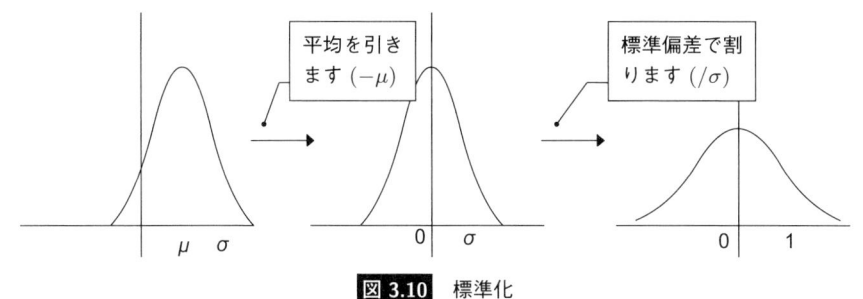

図 3.10 標準化

標準化を行うには,平均を引き,標準偏差で割ります.

率の値は標準正規分布表より 0.37070 です.このことから,全体の約 37.07 パーセントが 174 センチ以上であることがわかります.

3.2.5 偏差値を計算する

ところで,テストの点数などでは,**偏差値** (deviation value) と呼ばれる指標を利用する場合があります.

これは,標準化したデータをさらに平均値 50・標準偏差 10 の正規分布にしたがうように変換を行ったものです.

$$偏差値 = 10 \times 標準化した値 + 50$$

したがって全体の 68% は,偏差値 40 〜 60 であることになります.

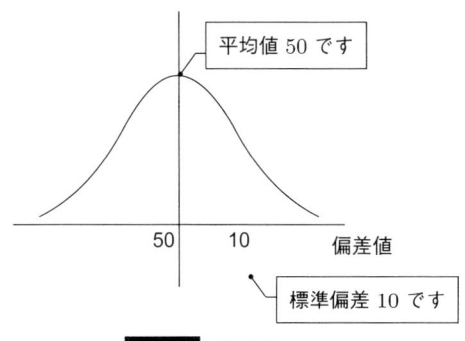

図 3.11 偏差値

偏差値は平均 50,標準偏差 10 となっています.

練 習 問 題

1) 下のグラフは次の3つの正規分布をあらわしたものである．正しい番号を入れよ．
   ① 平均 $= 0$　　標準偏差 $= 1$
   ② 平均 $= 0$　　標準偏差 $= 3$
   ③ 平均 $= 2$　　標準偏差 $= 1$

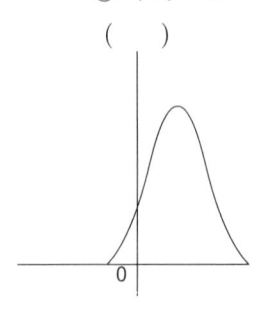

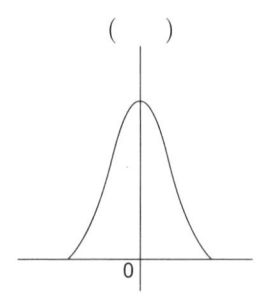

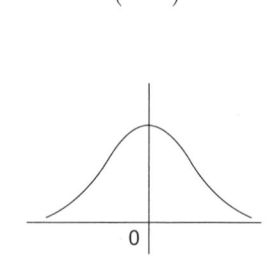

2) 標準化した値を求めよ．
   ① 平均身長が172センチ，標準偏差が6センチの場合の，身長175センチ
   ② 平均身長が156センチ，標準偏差が5センチの場合の，身長148センチ

3) 標準正規分布表を使って，次の値を求めよ．
   ① $Z \leq 1.96$ である確率
   ② 上側確率が0.05となるZの値
   ③ 平均身長が172センチ，標準偏差が6センチの場合，175センチ以下である確率
   ④ 平均身長が172センチ，標準偏差が6センチの場合，172～175センチである確率

4) 平均67点，標準偏差12.6点のテストで，72点をとった．偏差値はいくつか．

5) 偏差値70以上であれば上位何パーセントに入っていることになるか．

3.3 確率分布の種類を知る

3.3.1 二項分布を知る

正規分布のほかにも，さまざまな確率分布が知られています．**二項分布** (binominal ditribution) は，ある確率 p で成功する試行を n 回行ったとき，x 回成功が起こる確率をあらわした分布となっています．

たとえば，1/6 の確率で 1 の目が出る普通のサイコロを 20 回ふったとき，1 の目が x 回出る確率をあらわした分布は二項分布となります．

二項分布は試行の成功確率 p (生起確率) と試行回数 n によって形が決まります．

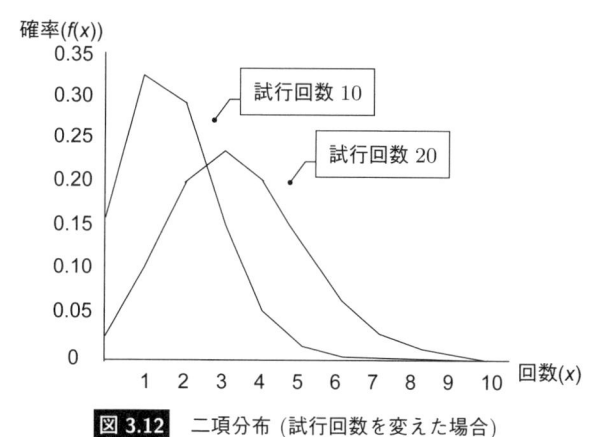

図 3.12 二項分布 (試行回数を変えた場合)

二項分布では試行回数が変わると分布の形状が変わります．（確率 1/6 において，$n=10$ の場合と $n=20$ の場合）

二項分布の確率密度関数は次のようになっています．

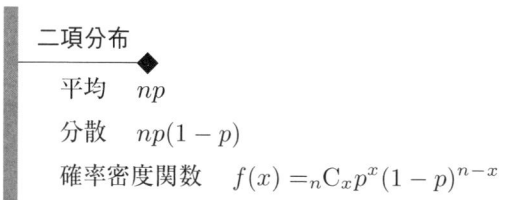

二項分布

平均　np

分散　$np(1-p)$

確率密度関数　$f(x) =\, _n\mathrm{C}_x p^x (1-p)^{n-x}$

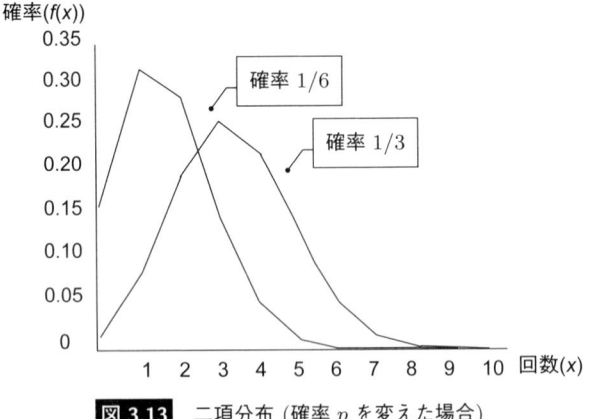

図3.13 二項分布 (確率 p を変えた場合)

二項分布では確率が変わると分布の形状が変わります．(試行回数 10 において，$p=1/6$ の場合と $p=1/3$ の場合)

たとえば，1/6 の確率で 1 の目が出る普通のサイコロを 20 回ふったとき，その平均・分散は次のようになります．

平均：$20 \times (1/6) = 3.33$

分散：$20 \times (1/6) \times (5/6) = 16.67$

また，1 の目が 5 回出る確率は次のようになります．1 の目が 5 回・その他が 15 回出る確率が $\left(\dfrac{1}{6}\right)^5 \left(1-\left(\dfrac{1}{6}\right)\right)^{20-5}$．1 の目がどの回に出るかの場合の数の組み合わせが $_{20}C_5$ 通りあるからです．

$$1\text{の目が}5\text{回出る確率}: {}_{20}C_5 \times \left(\dfrac{1}{6}\right)^5 \left(1-\left(\dfrac{1}{6}\right)\right)^{20-5} = 0.1294$$

3.3.2　ポアソン分布を知る

ポアソン分布 (Poisson distribution) は二項分布において，生起確率 p が非常に小さい試行を n を大にして行ったとき，x 回成功が起こる確率をあらわした分布となっています．

たとえば大量に製品を生産する状況において，製品中に発見される非常に小さい不良品の率がポアソン分布にしたがうと考えられます．

ポアソン分布の形状は np の値 (試行回数 × 生起確率) だけで決まります．ポアソン分布の平均と分散はどちらも np となっています．

ポアソン分布

- 平均　　　np
- 分散　　　np
- 確率密度関数　　$f(x) = \dfrac{e^{-np}(np)^x}{x!}$

たとえば不良品が 0.03% の確率で発生する際に 1000 個の製品を生産した場合，平均と分散は $1000 \times 0.0003 = 0.3$ となります．

製品中に不良品が発生する確率は少なくても，大量生産する場合には実際その不良品が生じることが観察されます．このように，確率が小さくても，試行回数が多ければ，成功回数 x は少ないながらも実際に起こることが観察されると考えられます．

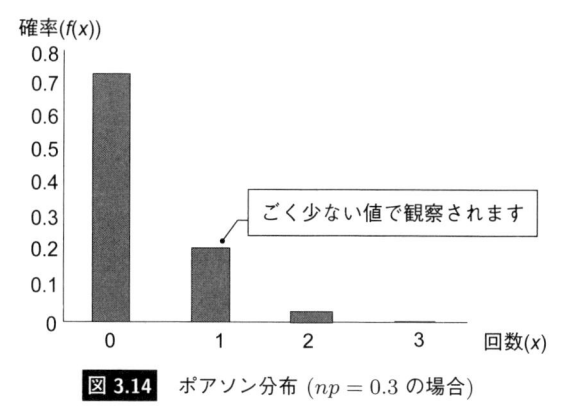

図 3.14　ポアソン分布 ($np = 0.3$ の場合)

ポアソン分布は試行回数 × 生起確率の値によって分布の形状が決まります．

●その他の確率分布●

正規分布や二項分布，ポアソン分布のほかにも次のような分布が知られています．これらの分布については次の章以降で紹介しましょう．
- t 分布
- χ^2 分布
- F 分布

練習問題

1) 確率 0.3 で「当たり」が出るくじを 3 回引いた．当たりが出る平均回数を求めよ．
2) 1) において，2 回当たりが出る確率はいくらか．
3) 確率 0.001 で不良品が生じる製品を 1000 個生産した．不良品の平均個数を求めよ．

4

標本から推定する

4.1 推定の基礎を学ぶ

4.1.1 母集団から標本を得る

　この章ではいよいよ推測統計を学ぶことにしましょう．たとえば全国の高校生の身長の平均を知ろうとする場合に，一部の高校生の身長データを調べることによって，全国の高校生の身長の平均がどのような値となるのか推測するわけです．

　推測統計では，考えようとする集団全体を，**母集団** (population) と呼びます．また，母集団の中から実際に観察したデータを，**標本** (サンプル，sample) といいます．高校生全体の身長について調べようとする場合には，母集団は高校生全体ということになります．高校生全体から抽出された一部の学生が標本となります．私たちはこの標本から，母集団に関する情報を得ようとしているのです．

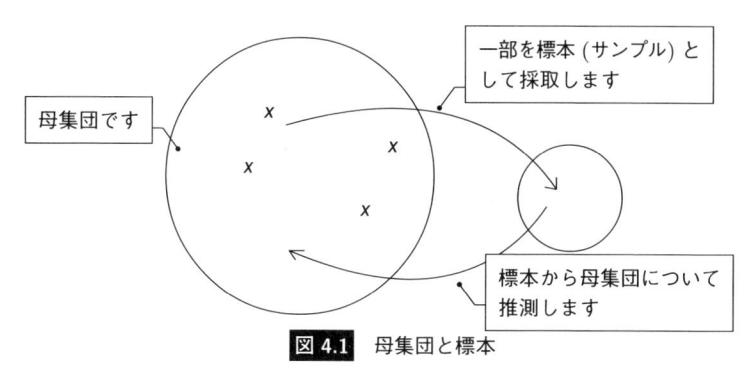

図 4.1 母集団と標本

母集団から一部をとって標本とし，この標本から母集団全体に関する情報を推測します．

4.1.2 母集団を考える

まず，母集団について考えておきましょう．母集団の概念は何を対象として調べようとするかによって違ってくることに注意してください．たとえば，「日本人の給与について推測する」場合は，日本全体が母集団になります．一方，「A 企業の給与について推測する」場合は，A 企業が母集団になります．

母集団はさまざまな値をとることになります．この分布は確率分布としてあらわされ，**母集団分布** (population distribution) と呼ばれています．たとえば，人間の身長データの場合は，正規分布にしたがうことが経験的に知られています．

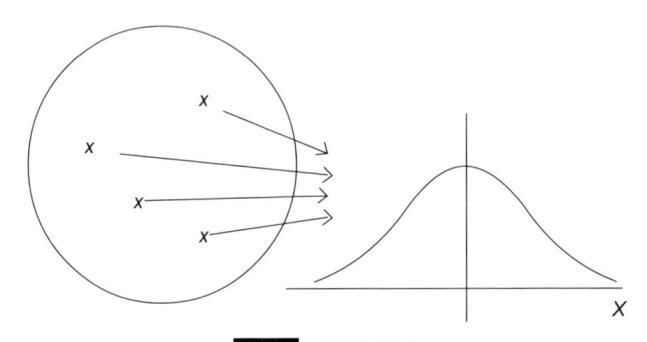

図 4.2 母集団分布

母集団の値がとる確率分布を考えることができます．

4.1.3 標本を抽出する

次に標本について考えてみましょう．まず，標本はどれも同じ確率で母集団から取り出されるようにしておかなければなりません．これを**無作為抽出** (random sampling) といいます．無作為抽出でなかった場合，選ばれた標本の集団は，母集団を正しく反映したものにはなりません．母集団に関する情報を得られなくなってしまうので注意してください．

また，標本に関する値は，標本を調べる機会によって異なることになります．たとえば，標本 10 個を取り出して調べることにしたとき，標本から算出される標本平均は，取り出された標本によって異なることでしょう．ある機会に観察

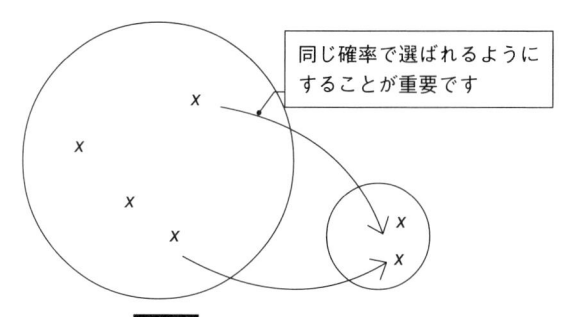

図 4.3 無作為抽出

母集団から同じ確率で標本として抽出される必要があります．

された 10 個の標本平均は 172.5 であったとしても，別の機会に観察された 10 個の標本平均は 171.1 になるかもしれません．

このように考えると，標本の平均や分散も，さまざまな値をとりうることがわかります．特に標本平均や標本分散などをはじめとした標本に関する量を**統計量** (statistics) といいます．統計量がとりうる値の分布を，**標本分布** (sampling ditribution) と呼んでいます．

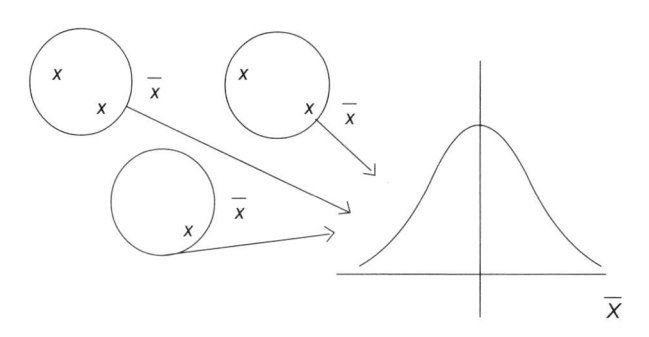

図 4.4 標本分布

標本の平均や分散などについても，それらがとる確率分布 (標本分布) を考えることができます．

4.1.4 標本から母集団を推測する

私たちは，これから標本を観察することで，母集団がどのようなものである

のかを推測することになります．母集団がしたがう分布の平均や分散を推測することになるでしょう．このとき，母集団分布と標本分布，そしてその関係を利用することが必要になります．

たとえば，よく使われる関係として，正規分布にしたがう母集団から n 個の標本を観察するとき，母集団の分布とその標本平均 $\bar{X}$ がとる標本分布には，次の関係があることが知られています．

> **正規母集団とその標本平均の分布の関係** ◆
>
> 母集団 X が，平均 μ，分散 σ^2 の正規分布にしたがうとき，
> 標本平均 $\bar{X}$ は，平均 μ，分散 σ^2/n（標準偏差 $\sigma/\sqrt{n}$）の正規分布にしたがう．

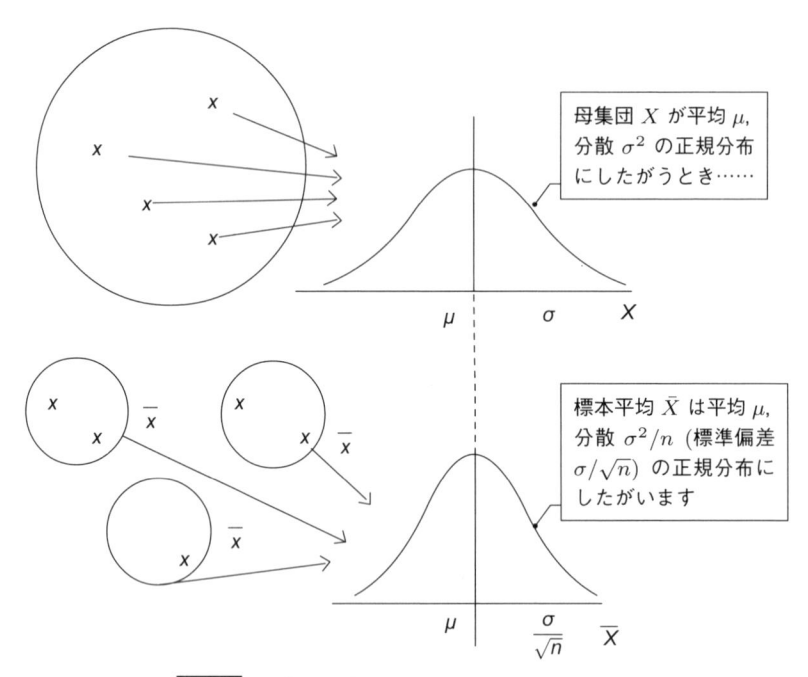

図 4.5 母集団分布とその標本分布の関係

母集団分布と標本分布の関係を利用して推測を行います．正規分布にしたがう母集団とその標本平均の分布の関係はよく使われる関係の 1 つです．

つまり，正規母集団からの標本平均 $\bar{X}$ がとりうる値の平均は，母集団の平均 (母平均) の値である μ となることが知られています．また，標本平均 $\bar{X}$ がとりうる値の分散は，母集団の分散 (母分散) の値 σ^2 を標本数 n で割ったものとなることが知られています．

標本数 n が大きい場合には，標本平均の平均は母平均にほぼ一致し，標本平均の分散は 0 に近づいていると考えられることから，この関係は直感的な感覚としても理解することができます．このような関係をふまえて標本を観察することによって，母集団の平均などを推定するのです．実際に次の節から推定の方法についてみていきましょう．

練 習 問 題

1) ○×で答えよ．
  ① 母集団から標本を抽出する際は扱いやすい対象を選択する．
  ② 正規母集団からの標本平均は母平均となる．
  ③ 正規母集団からの標本平均の分布の分散は母分散である．

4.2 点推定を行う

4.2.1　点推定の基準を知る

さて，推定を行う 1 つの方法として，ある 1 つの値をあげて，母集団に関する値 (母数) の 1 つの推定値とする方法が考えられます．たとえば「母平均の推定値は 172.3 である」という方法で述べるわけです．この方法を**点推定** (point estimation) といいます．

推定値としては標本を観察した結果得られる値を用います．この値を与える標本に関する統計量を，**推定量** (estimator) といいます．たとえば標本の平均や分散といった統計量は，母平均や母分散に対する推定量の候補として考えることができます．

点推定を行うためには，標本に関する統計量が推定量として妥当な量である必要があります．このためには次の性質などが必要とされるものと考えられて

います.
- 不偏性……母数 θ の周りに推定量 $\hat{\theta}$ が分布する
- 一致性……標本数 n を増やすと推定量 $\hat{\theta}$ が母数 θ に一致する
- 有効性……推定値のばらつきが少ない

a. 不 偏 性

不偏性とは，推定量 $\hat{\theta}$ の分布が，母数 θ を中心としていることをいいます．たとえば図 4.6 左の推定量 $\hat{\theta}$ は母数 θ の周りに推定量が分布していますから不偏な推定量ですが，右図の推定量 $\hat{\theta}$ は母数 θ を中心として分布していませんから不偏な推定量ではありません．

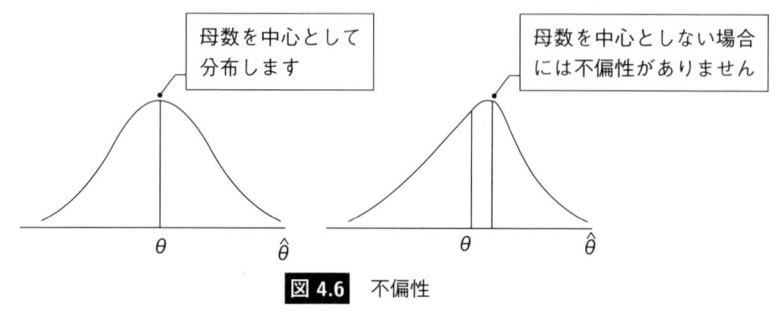

図 4.6 不偏性

左図は不偏である推定量の分布ですが，右図の推定量は不偏ではありません．

b. 一 致 性

一致性とは，標本数 n を増やしていくと，推定量 $\hat{\theta}$ が母数 θ に一致することをいいます．たとえば図 4.7 左の推定量 $\hat{\theta}$ は標本数 n を増やすと母数 θ に近づきますから一致推定量ですが，右図の推定量 $\hat{\theta}$ は標本数 n を増やしても母数 θ に近づきませんから一致推定量ではありません．

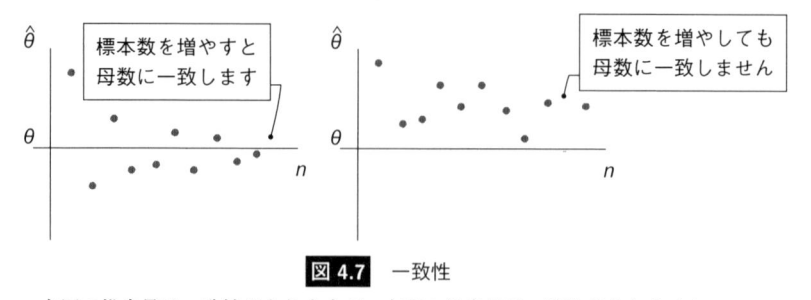

図 4.7 一致性

左図の推定量は一致性がありますが，右図の推定量は一致性がありません．

c. 有効性

有効性は，推定量の分布の分散が小さいという性質です．たとえば図 4.8 左の推定量は右図の推定量よりも分散が小さいため有効な推定量となります．不偏かつ一致性のある推定量が複数考えられる場合には，その中で最も有効な推定量を選ぶことが大切になります．

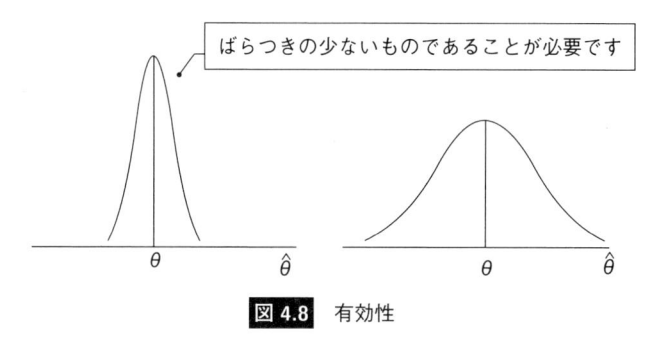

図 4.8 有効性

左図の推定量は右図の推定量よりも有効な推定量となります．

4.2.2 母平均を点推定する

それでは標本に関するどのような統計量をあげれば，これらの基準を満たした推定量となるでしょうか．

通常，母平均 μ の点推定量としては，標本平均が使われます．標本平均は標本数を増やした場合に母平均に一致しますから，一致推定量です．また，標本平均の平均は母平均となりますから，不偏推定量となっています．

$$母平均 \mu の推定量 \leftarrow 標本平均 \bar{X}$$

4.2.3 母分散を点推定する

では，母分散 σ^2 の推定量はどうでしょうか．母分散の点推定量として，標本平均を用いた偏差平方和を標本数で割った分散 $\sum_{i=1}^{n}(X_i - \bar{X})^2/n$ を利用できそうです．しかし，母分散の点推定にあたっては，通常この量は使いません．かわりに標本の**不偏分散** (unbiased variance) と呼ばれる量を使います．不偏

分散は標本に関する偏差平方和を標本数 -1 で割ったものです．

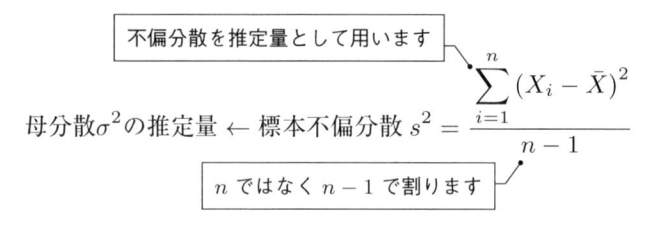

母分散 σ^2 の推定量 ← 標本不偏分散 $s^2 = \dfrac{\displaystyle\sum_{i=1}^{n}(X_i - \bar{X})^2}{n-1}$

[不偏分散を推定量として用います]

[n ではなく $n-1$ で割ります]

これは上式の分子において，標本平均 $\bar{X}$ からの偏差を用いていることによります．母分散 σ^2 は母平均 μ からの偏差の平方和を用いて計算するのでした．標本平均は母平均から考えれば，ずれがあります．この標本平均を使って求めた偏差平方和は，母平均を用いた場合よりも小さくなっています．このため，標本数よりも小さい値で割って母分散の推定値とする必要があるのです．

上式の分子では標本平均からの偏差を用いているため，$(X_1 - \bar{X}) + (X_2 - \bar{X}) + \cdots + (X_i - \bar{X}) = 0$ という制約があり，自由に値をとれる X の数は $n-1$ となっています．このとき，偏差平方和を n ではなく $n-1$ で割ると，その平均は母分散となり，母分散の周りに分布します．この $n-1$ は**自由度** (degree of freedom) と呼ばれています．一般的に，推定量の中にもう1つの推定量を使用する場合には，自由度が1減ります．

標本の偏差平方和を標本数で割って求めた分散は，標本数が増えると母分散に一致するため一致推定量ですが，その平均が母分散より小さくなるため，不偏推定量にはなりません．

標本の偏差平方和を標本数 -1 で割って求めた標本不偏分散 s^2 が，一致推定量でありかつ不偏推定量になります．

4.2.4 点推定を行う

たとえば，例題1で利用した身長データをもとに，学生たちが属する学校の生徒の身長の平均値・分散を推定したいとします．このとき，20人のデータから，母集団の身長の平均値と分散を推定してみましょう．

例題 10 ある学校の学生から，次の20人の身長データを標本として得た．学校の母平均・母分散を点推定せよ．

単位：センチ

171.2	170.5	168.3	179.4	169.5	170.2	165.7	175.6	173.2	178.9
173.5	176.1	172.5	173.6	176.0	173.8	172.9	173.6	174.8	171.5

解答

- 母平均の推定：

 母平均の推定量として標本平均を使いますので，推定値は次のようになります．

$$(171.2 + 170.5 + \cdots + 171.5) \div 20 = 173.04 \,(センチ)$$

- 母分散の推定：

 母分散の推定量として標本不偏分散を使いますので，推定値は次のようになります．

$$\{(171.2 - 173.04)^2 + (170.5 - 173.04)^2 + \cdots + (171.5 - 173.04)^2\}$$
$$\div (20 - 1) = 11.235$$

●**標準誤差**●

　点推定の値が母数に一致するとは限らないことに注意してください．たとえば母平均の点推定では標本平均を用いますが，調べた標本平均は母平均の周りに散らばることになります．誤差が存在するわけです．

　推定量の標準偏差を**標準誤差**とも呼びます．たとえば正規母集団の母平均を標本平均で点推定する場合は，4.1 節で紹介した関係にも知られるように，標本平均は分散 σ^2/n（標準偏差 $\sigma/\sqrt{n}$）の散らばりをもちますから，$\sigma/\sqrt{n}$ の標準誤差が存在することになります．誤差を小さくするためには標本数 n を大きくしなければなりませんが，たとえば標本数を 100 倍にしても誤差は $1/\sqrt{100} = 1/10$ 倍にしかなりません．

練習問題

1) 地域 A の学生について，英語の学力テストを行った．20 人の点数を調べたところ以下のデータが得られた．母平均，母分散を点推定で求めよ．

単位：点

76	74	65	38	59	51	76	85	98	63
68	59	85	86	74	61	62	76	71	89

2) A 工場で生産する製品から 20 個の標本を無作為抽出して横幅を調べたところ，以下のデータが得られた．A 工場で生産している製品の横幅について，母平均，母分散を点推定で求めよ．

単位：センチ

35.6	35.2	35.8	35.9	34.6	34.7	33.2	35.9	36.1	36.2
37.1	34.9	34.8	35.1	35.2	35.2	35.6	35.2	35.3	35.4

4.3 区間推定を行う

4.3.1 区間推定の基礎をおさえる

もう 1 つの推定方法として，ある幅をもった区間に母集団分布に関する情報が含まれる可能性を述べる方法があります．たとえば「169.5 センチ以上 178.5 センチ以下の区間は，95%以上の確率で母平均を含む」という形で述べるのです．このように 1 つの値ではなく幅をもった区間をもって推定を行う手法を**区間推定** (interval estimation) といいます．このときの確率を**信頼係数** (confidence coefficeint)，母数が含まれる可能性がある区間を**信頼区間** (confidence interval) といいます．

まず，最も基本となる例として，正規分布にしたがう母集団の平均を区間推定することから考えてみましょう．このときには，4.1 節でも述べた次の母集団分布と標本分布の関係を利用します．

正規母集団とその標本平均の分布の関係 ◆

母集団 X が,平均 μ,分散 σ^2 の正規分布にしたがうとき,
標本平均 $\bar{X}$ は,平均 μ,分散 σ^2/n(標準偏差 $\sigma/\sqrt{n}$)の正規分布にしたがう.

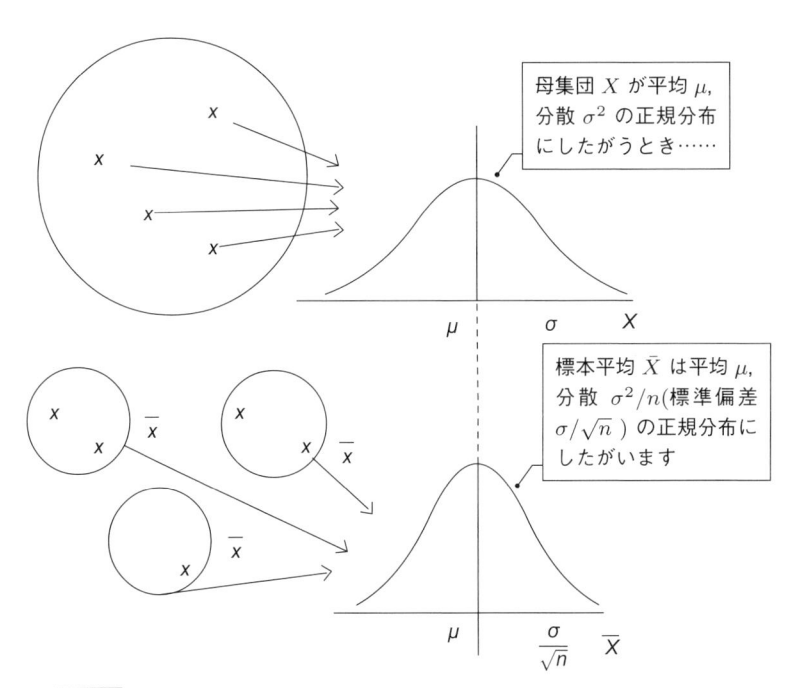

図 4.9 正規分布にしたがう母集団とその標本平均の分布の関係
母集団分布と標本分布の関係を利用して区間推定を行います.

この関係を利用して,ある区間を調べたときに,母平均がある確率以上で含まれることを述べるのです.標本平均の分布の形状をよくみておいてください.

62 4. 標本から推定する

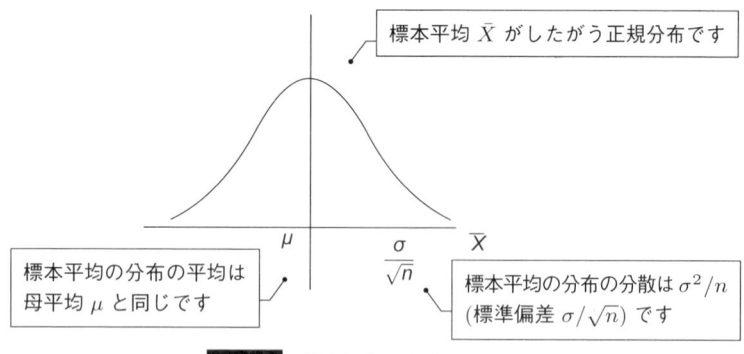

図 4.10 標本平均の分布

- 標本平均 $\bar{X}$ がしたがう正規分布です
- 標本平均の分布の平均は母平均 μ と同じです
- 標本平均の分布の分散は σ^2/n（標準偏差 $\sigma/\sqrt{n}$）です

母集団が平均 μ，分散 σ^2 の正規分布にしたがう場合，標本平均は平均 μ，分散 σ^2/n の正規分布にしたがうことに注意します．

4.3.2 標本分布上で標本平均を観察する

正規母集団から抽出した標本の平均はこの標本分布の上に観察されるはずです．特に区間 $[-\bar{X}_\alpha, \bar{X}_\alpha]$ があるなら，この区間に標本平均は網掛部の面積の確率であらわれるはずです．ここで，ある確率に対応する区間 $[-\bar{X}_\alpha, \bar{X}_\alpha]$，観察された標本平均を利用すれば，母平均 μ がその確率であらわれる区間を求めることができます．

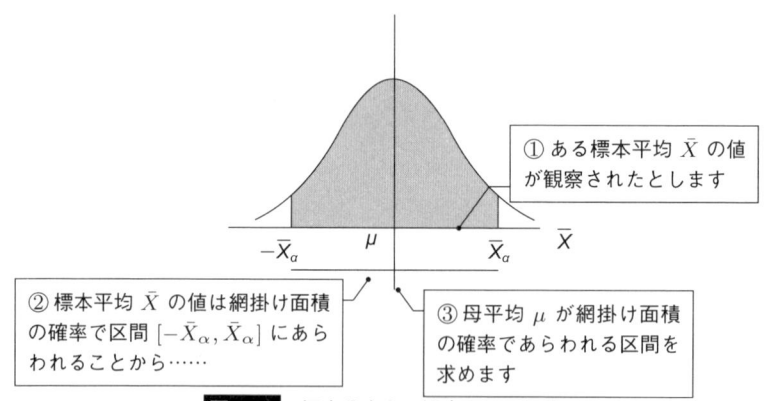

図 4.11 標本分布上で観察される標本平均

① ある標本平均 $\bar{X}$ の値が観察されたとします
② 標本平均 $\bar{X}$ の値は網掛け面積の確率で区間 $[-\bar{X}_\alpha, \bar{X}_\alpha]$ にあらわれることから……
③ 母平均 μ が網掛け面積の確率であらわれる区間を求めます

観察された標本平均が標本分布上のある区間にあらわれる確率から，母平均がその確率であらわれる区間を求めることができます．

4.3.3 標準正規分布上で考える

さて，この問題について簡単に考えるために，標本分布上で考えるのではなく，標準正規分布上で考えることにしましょう．標準正規分布上で考えるためには，次の式で標準化を行うのでした．

$$標準化した値 = \frac{標準化前の値 - 平均}{標準偏差}$$

つまり，標本平均 $\bar{X}$ を標準化した Z は次のようになるわけです．なおここで標準化を行うには，標本平均がしたがう分布 (標本分布) の平均 μ，標準偏差 $\sigma/\sqrt{n}$ で計算することに注意してください．

$$Z = \frac{\bar{X} - \mu}{\sigma/\sqrt{n}}$$

平均 μ を引きます

標準偏差 $\sigma/\sqrt{n}$ で割ります

すると，標本から母数を区間推定する問題は次のように考え直すことができるでしょう．

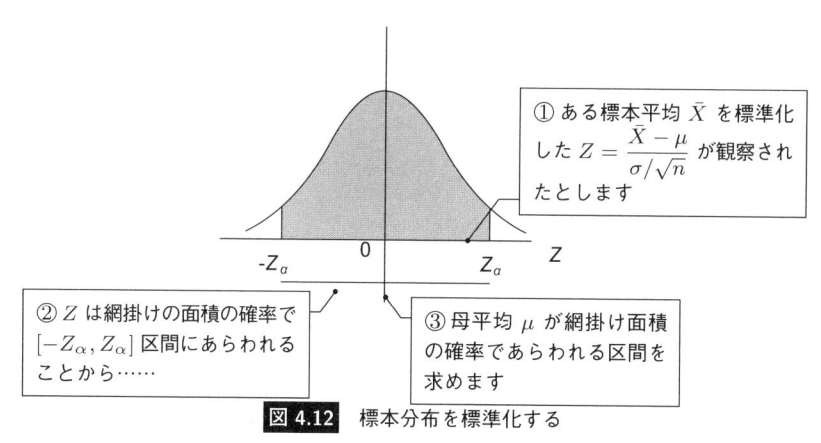

① ある標本平均 $\bar{X}$ を標準化した $Z = \frac{\bar{X} - \mu}{\sigma/\sqrt{n}}$ が観察されたとします

② Z は網掛けの面積の確率で $[-Z_\alpha, Z_\alpha]$ 区間にあらわれることから……

③ 母平均 μ が網掛け面積の確率であらわれる区間を求めます

図 4.12 標本分布を標準化する

標本分布を標準化し，標準正規分布上で考えると便利です．

まず，ある確率 α とこれに対応する区間を調べるために，標準正規分布表を調べてみましょう．標準正規分布表として上側確率 α が与えられている場合，

図 4.13 のように左端・中央 (網掛部)・右端の 3 つに区間を区切って考えます．上側確率が $(1-0.95) \div 2 = 0.025$ となる Z の値を調べると，平均を中心とした 95% に対応する区間を求めることができます．

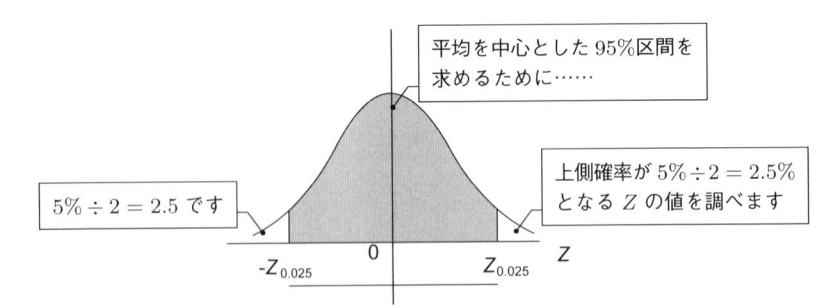

図 4.13 標準正規分布上で区間を求める

標準正規分布表上である確率に対応する Z の区間を調べます．

表 4.1 標準正規分布 (一部)

Z	0	0.01	0.02	0.03	0.04	0.05	0.06
1.5	0.06681	0.06552	0.06426	0.06301	0.06178	0.06057	0.05938
1.6	0.05480	0.05370	0.05262	0.05155	0.05050	0.04947	0.04846
1.7	0.04457	0.04363	0.04272	0.04182	0.04093	0.04006	0.03920
1.8	0.03593	0.03515	0.03438	0.03362	0.03288	0.03216	0.03144
1.9	0.02872	0.02807	0.02743	0.02680	0.02619	0.02559	0.02500

標準正規分布表において，上側確率 0.025 に対応する Z の値は 1.96 です．これを Z の上側 2.5% 点 (パーセント点) と呼び，$Z_{0.025} = 1.96$ などで記述します．正規分布は左右対称ですから，$-1.96 \leq Z \leq 1.96$ が平均 0 を中心とした 95% に対応する区間となります．

したがって標本平均 $\bar{X}$ を標準化した Z の値は，95% の確率で $-1.96 < Z < 1.96$ の区間にあらわれるわけです．すなわち，$Z = \dfrac{\bar{X} - \mu}{\sigma / \sqrt{n}}$ は 95% 信頼係数のもとで次の区間にあらわれることになります．

$$-1.96 \leq \frac{\bar{X} - \mu}{\sigma / \sqrt{n}} \leq 1.96$$

$Z = \frac{\bar{X} - \mu}{\sigma/\sqrt{n}}$ は 95% の確率で $[-1.96, 1.96]$ にあります

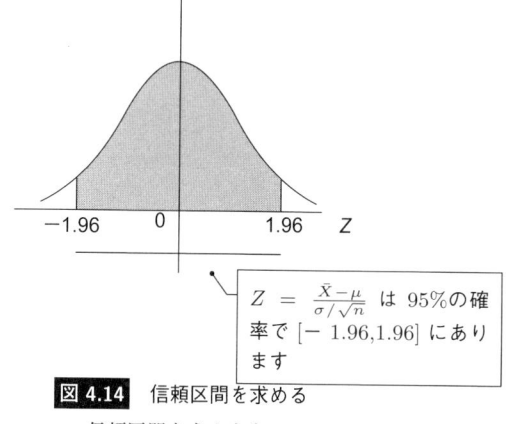

図 4.14 信頼区間を求める

信頼区間を求めます．

この式を変形すると，母平均 μ が 95% の確率であらわれる区間は次のようになることがわかります．

母平均 μ が 95% の確率で入っている範囲です

$$\bar{X} - 1.96 \times \frac{\sigma}{\sqrt{n}} \leq \mu \leq \bar{X} + 1.96 \times \frac{\sigma}{\sqrt{n}}$$

ここでは母平均 μ の値は未知であるわけですが，標本数 n，標本平均 $\bar{X}$ の値は観察されています．これらに加えて母分散 σ^2（標準偏差 σ）の値がわかっているならば，$\bar{X}$，n，σ に値を代入し，母平均 μ が 95% の確率で入っている可能性がある区間を求めることができます．

つまり，標本平均 $\bar{X}$ を観察することによって，母分散が既知ならば，母平均 μ が 95% の確率で入っている区間を上式より述べることができるわけです．

これで区間推定の基礎を学ぶことができました．次の節の問題で実際にこの方法によって信頼区間を計算してみることにしましょう．

練習問題

1) 標準正規分布表から，上側確率が 5% となる Z の値を求めよ．
2) 標準正規分布表から，上側確率が 0.5% となる Z の値を求めよ．

4.4 母平均を区間推定する

4.4.1 母分散がわかっている場合

それでは 4.3 節で紹介した母平均の区間推定の方法をもう一度まとめて確認してみましょう．

先にも述べたように，母集団が平均 μ，分散 σ^2 の正規分布にしたがい，σ^2 (母分散) の値がわかっているならば，標本数 n の標本平均 $\bar{X}$ が次の分布にしたがうことを利用して区間推定を行うことができます．

> **正規母集団からの標本平均の分布 (母分散が既知の場合)**
>
> 統計量：$\bar{X}$ (標本平均)
> 分布：平均 $= \mu$，分散 $= \dfrac{\sigma^2}{n}$ の正規分布

これは標本平均を標準化して，次の標準正規分布を利用することと同じでした．

> **正規母集団からの標本平均を標準化した分布 (母分散が既知の場合)**
>
> 統計量：$Z = \dfrac{\bar{X} - \mu}{\sigma/\sqrt{n}}$
> 分布：平均 $= 0$，分散 $= 1$ の標準正規分布

確認するために，次の問題についてもう一度考え，$\bar{X}$，n，σ に値を代入し，実際に母平均の信頼区間を求めてみてください．

例題 11 学校 A の学生のうち，20 人の学生を無作為抽出して身長を調べたところ，平均は 175.0 センチだった．母平均の信頼区間を信頼係数 95% で推定せよ．ただし母集団の分散 $\sigma^2 = 36$ という数値がわかっているものとする．

解答 95% 信頼区間を求めるには，上側確率が $0.05 \div 2 = 0.025$ となる Z の値 (上側 2.5% 点) を調べます．標準正規分布表から，Z の上側 2.5% 点は $Z_{0.025} = 1.96$ となっています．したがって Z に関する 95% 信頼区間は次のよ

うになります.

$$-1.96 \leq \frac{\bar{X} - \mu}{\sigma/\sqrt{n}} \leq 1.96$$

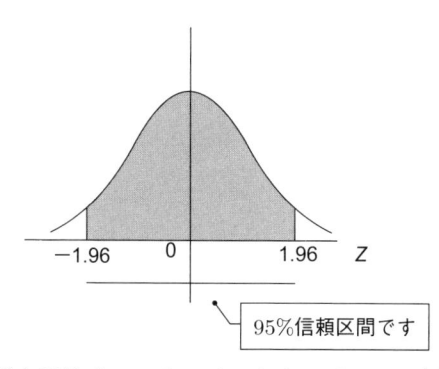

（95%信頼区間です）

さて，観察された標本平均は 175 センチでした．そこで，標本平均 $\bar{X}=175$，$n=20$，$\sigma^2=36$ を代入して，μ についての式に変形しましょう．

$$-1.96 \leq \frac{175 - \mu}{\sqrt{36}/\sqrt{20}} \leq 1.96$$

$$-1.96 \times \frac{6}{\sqrt{20}} \leq 175 - \mu \leq 1.96 \times \frac{6}{\sqrt{20}}$$

$$175 - 2.629 \leq \mu \leq 175 + 2.629$$

したがって母平均 μ の 95%信頼区間は次のようになります．

$$172.4 \leq \mu \leq 177.6$$

172.4 センチ以上 177.6 センチ以下の区間は，95%の確率で母平均を含むと考えられます．

4.4.2 母分散がわからない場合

ところで，ここで紹介した区間推定の方法を利用して母平均 μ について推定しようとする場合には，すでに述べたように，母分散 σ^2 の値がわかっていなければなりません．しかし，母平均を推定しようとする状況においては，通常母分散についても未知であるものです．そこで，母分散がわからない場合には，母分散 σ^2 の代わりに標本不偏分散 s^2（4.2 節参照）を代用することにします．

s^2 によって $\bar{X}$ の標準化を行うと，$\dfrac{\bar{X} - \mu}{s/\sqrt{n}}$ となります．

しかし，このとき標本平均を標準化した統計量 $T = \dfrac{\bar{X} - \mu}{s/\sqrt{n}}$ は正規分布にはしたがわないことが知られています．今度は別の関係を利用する必要があるわけです．

さて，今度はこの統計量 T が自由度 $n-1$ の **t 分布** と呼ばれる確率分布にしたがうことを利用します．

> **正規母集団からの標本平均に関する分布 (母分散が未知の場合)** ◆
>
> 統計量：$T = \dfrac{\bar{X} - \mu}{s/\sqrt{n}}$
> 確率分布：自由度 $n-1$ の t 分布

t 分布は正規分布と同様につりがね型の分布をしています．t 分布の形状は標本の個数に関係する自由度 k のみによって決まります．t 分布は小さい自由度では (標本数が小さい場合は) 正規分布よりも裾野が大きく広がっていますが，自由度が大きくなるにつれて (標本数が多くなるにつれて) 正規分布の形状に近づきます．

t 分布によって，母分散 σ^2 がわからなくても標本不偏分散 s^2 を代用できることになります．

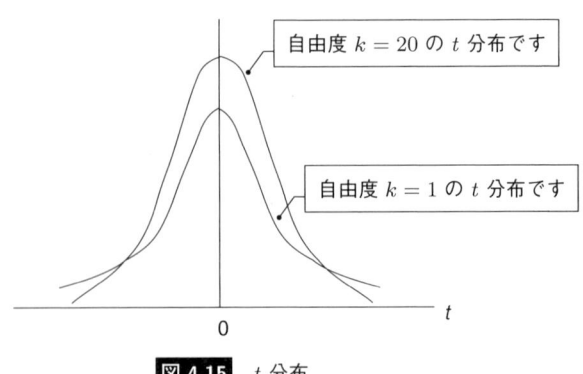

図 4.15 t 分布

t 分布は標本数に関係する自由度のみによって形が決まります．

ただし，通常 t 分布表は上側確率 α と自由度の組合せから，対応する t の値を求める形式になっています．

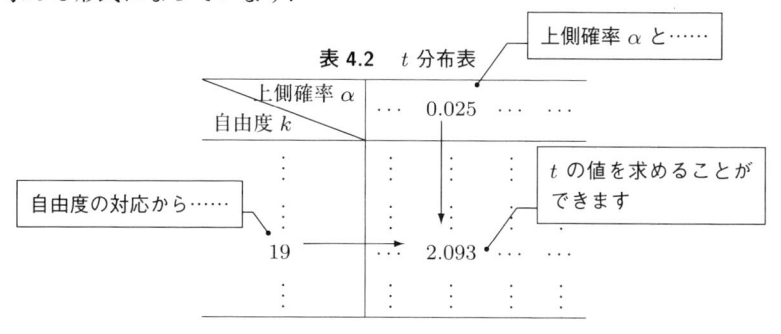

表 4.2 t 分布表

自由度 k \ 上側確率 α	$\cdots$	0.025	$\cdots$	$\cdots$
$\vdots$		$\vdots$		
19	$\cdots$	2.093		
$\vdots$				

（上側確率 α と……／自由度の対応から……／t の値を求めることができます）

たとえば確率 0.025 と自由度 19 の対応から，t 分布の上側 2.5%点（自由度 19）$t_{0.025}(19)$ は 2.093 であると求めます．巻末にも t 分布表を掲載していますので確認してみてください．

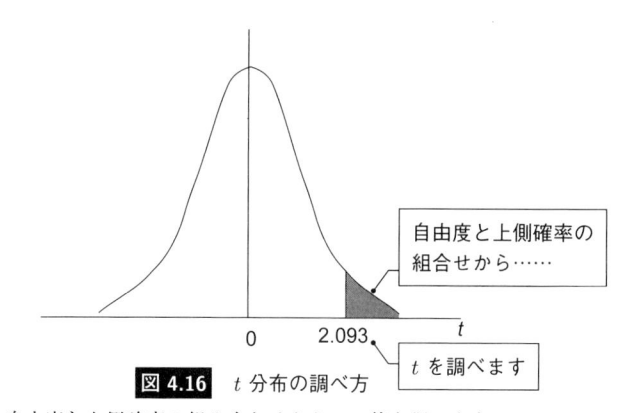

図 4.16 t 分布の調べ方

自由度と上側確率の組み合わせから t の値を調べます．

それでは母分散がわかっていないとしたとき，どのように推定できるでしょうか．

例題 12 学校 A の学生のうち，20 人を無作為抽出して学生の身長を調べたところ，平均は 175.0 センチだった．学校 A の母平均を信頼係数 95%で区間推定せよ．ただし母集団の分散はわからなかったため，標本不偏分散を調べたと

ころ 36 であった.

解答 信頼係数が 95% であることから, 上側確率が $(1-0.95) \div 2 = 0.025$ となる t の値 (上側 2.5% 点) を調べます. 標本数が 20 であることから, 自由度は 19 となります. $t_{上側確率}(自由度)$ の形式であらわすと, この値は $t_{0.025}(19) = 2.093$ です.

$$-2.093 \leq \frac{X - \mu}{s/\sqrt{n}} \leq 2.093$$

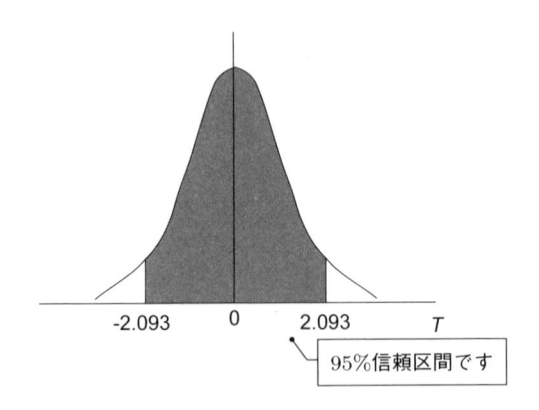

-2.093   0   2.093 T
95%信頼区間です

$s^2 = 36$, $n = 20$, $X = 175$ を代入し, μ について解きます.

$$-2.093 \times \frac{\sqrt{36}}{\sqrt{20}} \leq 175 - \mu \leq 2.093 \times \frac{\sqrt{36}}{\sqrt{20}}$$

$$175 - 2.808 \leq \mu \leq 175 + 2.808$$

したがって母平均 μ の信頼区間は以下のようになります. 標本分散を母分散のかわりに使っているため, 信頼区間が広くなっています. 推測の精度に関しては母分散がわかっている場合のほうが高いといえるでしょう.

$$172.2 \leq \mu \leq 177.8$$

4.4.3 大標本の場合を考える

さて，この 4.4 節では，母集団が正規分布にしたがう場合の母平均の区間推定をみてきました．ところで，母集団が正規分布にしたがわない場合はどうなるでしょうか．

このときにも，標本数を多くとるという条件のもとでは，標本平均の分布は正規分布に近似的にしたがうことが知られています．

これは，母集団の分布がどのようなものであっても，標本数を増やした場合に，標本平均は母平均に限りなく近づいていくことを基礎としています．これは感覚的に次の法則として知られています．

> **大数の法則**
> 標本の数 n を大きくすると，その標本平均は母集団の平均とみなすことができる．

大数の法則については，さらに関連する次の詳細な定理が知られています．

> **中心極限定理**
> 標本数 n を大きくすると，母集団の分布がどのようなものであっても，標本平均の分布は平均 μ，分散 σ^2/n の正規分布に近似的にしたがう．

標本数 n を限りなく大きくすると，標本平均の分布の分散は 0 に近づき，標本平均は母集団平均とみなすことができますから，中心極限定理は大数の法則をより詳細化した定理であるということができます．

つまり母集団が正規母集団でなかったとしても，標本の数が十分に大きい場合は，標本平均の分布は正規分布に近似的にしたがうということが知られているのです．

標本数 n がおおよそ 30 以上のときには標本平均の分布として正規分布を近似的に用いることができると考えられています．

図 4.17 中心極限定理

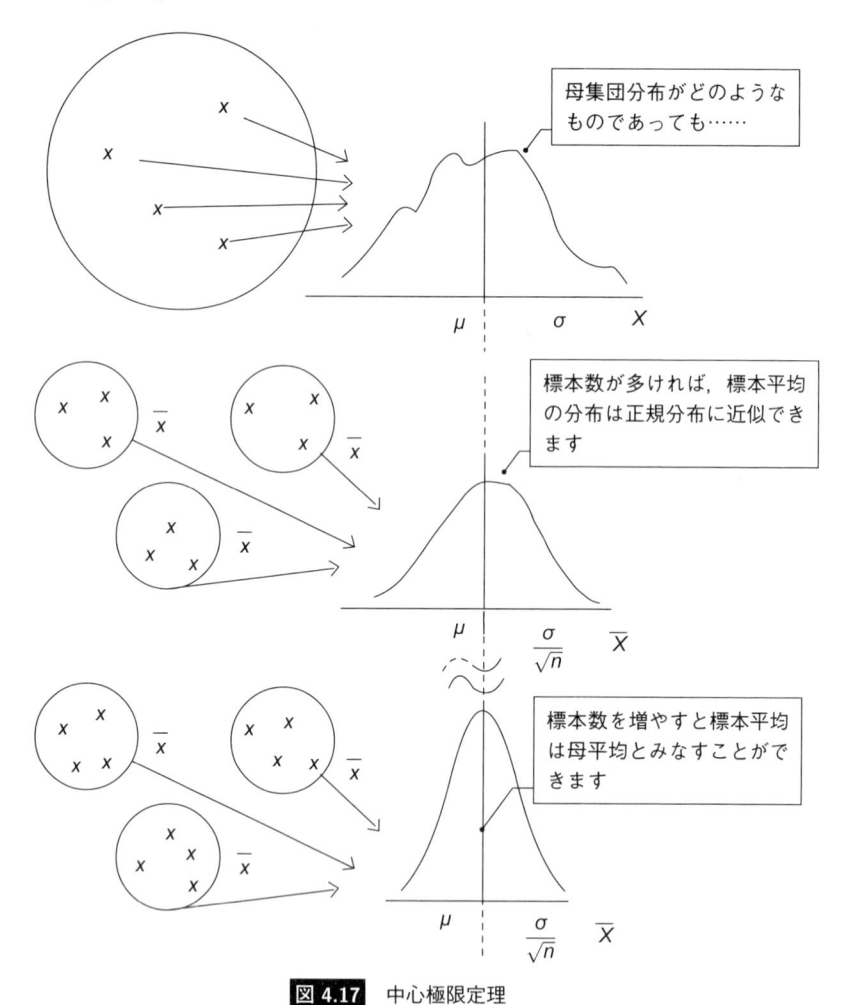

母集団分布がどのような分布であっても，標本数が多ければ，標本平均の分布は正規分布にしたがいます．

練 習 問 題

1) ( )内の標本に関する統計量はどのような確率分布にしたがうと考えられるか．
   ① 母集団が平均 = 87・分散 = 25 の正規分布にしたがい，標本数 20

の場合 (標本平均)

② 母集団が平均 = 87・分散 = 未知の正規分布にしたがい，標本数 7 で標本不偏分散が 36 の場合 (標本に関する統計量 T)

③ 母集団が生起確率 0.25 試行回数 200 の二項分布の場合 (標本比率)

2) ある地域の学生の身長は母分散 = 32.1 の正規分布にしたがうことがわかっている．20 人の標本をとったところ，身長の平均は 172.6 センチで，不偏分散は 32.3 だった．この地域の学生の平均身長について 95% 信頼区間を求めよ．

3) ある県で実施したテストの点数は正規分布にしたがっている．20 人の標本をとったところ，平均 = 65.8 点，不偏分散 = 75.3 だった．県全体の平均値について 95% 信頼区間を求めよ．

4) ある工場で生産する製品 A の重量は正規分布にしたがっている．18 個の標本をとったところ，製品の重さの平均 = 36.8 グラム，不偏分散 = 0.30 だった．製品 A の平均重量について 95% 信頼区間を求めよ．

5) ある山には多数の木が植林されている．植林されている樹木の高さについて 19 本を無作為抽出して調べたところ，高さの平均は 13.5 メートルであり，不偏分散は 5.60 だった．この山に植林されている木の高さの平均について 95% 信頼区間を求めよ．

4.5 母分散を区間推定する

4.5.1 母分散を区間推定する

4.3 節・4.4 節では，母平均の区間推定についてみてきました．今度は，母集団に関する散らばりの指標である母分散を推定する手法を紹介しましょう．母集団が正規分布にしたがうならば，母分散の区間推定を簡単に行うことができます．

たとえばあるメーカーが工場で大量生産している製品 A の大きさのばらつきについて考えることにしましょう．このとき，製品 A の一部を標本として調査することで，製造している製品 A 全体の大きさのばらつきの値を推定すること

を考えます．製品 A の大きさは平均 μ，分散 σ^2 の正規分布にしたがうものとします．このような場合には，標本不偏分散に関する次の統計量と分布を利用します．

> **正規母集団からの標本不偏分散に関する分布** ◆
>
> 統計量：$\chi^2 = (n-1)\dfrac{s^2}{\sigma^2}$
> 確率分布：自由度 $n-1$ の χ^2 分布

ただし s^2 は標本不偏分散，σ^2 は母分散，n は標本数です．

なお自由度 k の χ^2 **分布 (カイ二乗分布)** とは，確率変数 X_i がお互い関連をもたずに (独立に) 標準正規分布にしたがうとき，X_i の二乗の総和である次の統計量がしたがう分布となっています．χ^2 分布の形状は標本の個数に関する自由度 k によってのみ決まります (図 4.18)．

$$\sum_{i=1}^{k} X_i^2$$

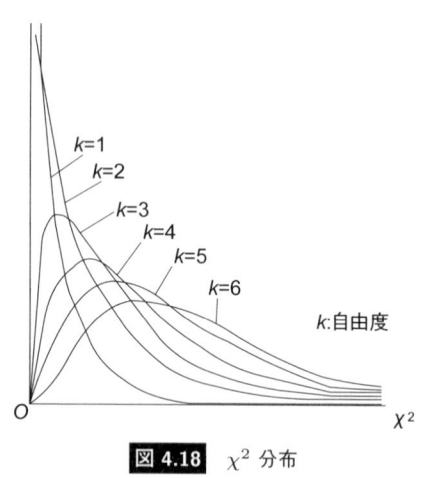

図 4.18 χ^2 分布

χ^2 分布の形状は標本の個数に関する自由度 k によってのみ決まります．

ただし，χ^2 分布は正規分布や t 分布と違って，左右対称の分布ではありませ

ん．このため，信頼区間を求める場合には注意が必要です．

たとえば 95%信頼区間を求める場合には，上側確率 0.025 に対応する点 (① 上側 2.5%点) と，0.975 に対応する点 (② 上側 97.5%点) の 2 点を調べる必要があります (図 4.19)．自由度 19 の場合であれば，χ^2 分布表より，①は $\chi^2_{0.025} = 32.8523$，②はは $\chi^2_{0.975} = 8.9065$ となります．巻末の χ^2 分布表を使用して確認してみてください．

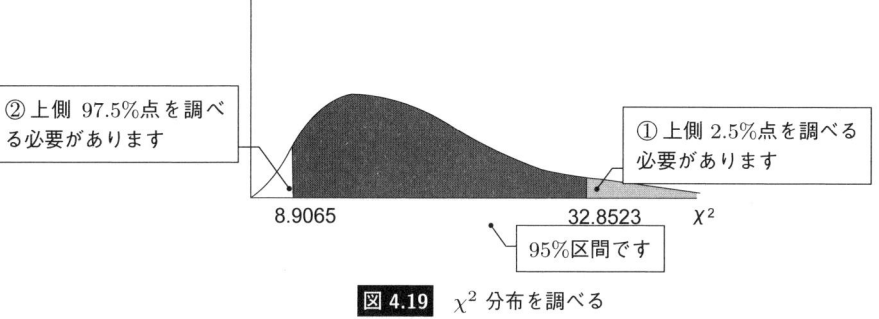

図 4.19 χ^2 分布を調べる

χ^2 分布を使用して区間を求める場合には 2 箇所の点を調べる必要があります．

●分散と χ^2 分布●

ここで用いた統計量が χ^2 分布にしたがうことについて少しみておきましょう．$\sum_{i=1}^{k} X_i^2$ が χ^2 分布にしたがうことから，X_i を標準化した $\sum_{i=1}^{n} \frac{(X_i - \mu)^2}{\sigma^2}$ は，自由度 n の χ^2 分布にしたがうということもできます．ここで母平均 μ を標本平均 $\bar{X}$ に替えた $\sum_{i=1}^{n} \frac{(X_i - \bar{X})^2}{\sigma^2}$ は，自由度が 1 減って，自由度 $n-1$ の χ^2 分布にしたがうことになります．この式は不偏分散 $s^2 = \dfrac{\sum_{i=1}^{n}(X_i - \bar{X})^2}{n-1}$ の定義から，$(n-1)\dfrac{s^2}{\sigma^2}$ と変形することができます．このため統計量 $(n-1)\dfrac{s^2}{\sigma^2}$ が自由度 $n-1$ の χ^2 分布にしたがうことを利用できるのです．

4.5.2　母分散を推定する

それでは製品の大きさのばらつきがどのくらいであるかを推定してみましょう.

例題 13　ある工場で生産する製品 A の重量について調べる. 製品から 20 個を無作為抽出して調べたところ, 標本不偏分散 s^2 が 2.4 だった. 母分散の 95% 信頼区間を求めよ.

解答　信頼係数が 95% であることから, 上側確率が 0.975, 0.025 となる点を χ^2 分布表から調べます. なお, 標本数が 20 であることから, 自由度は 19 です.

前出のとおり, 自由度 19 の χ^2 分布において, 上側 97.5% 点は 8.9065, 上側 2.5% 点は 32.8523 になっています.

$$8.9065 \leq (n-1)\frac{s^2}{\sigma^2} \leq 32.8523$$

$s^2 = 2.4$, $n = 20$ を代入し, σ^2 について解きます.

$$19 \times 2.4 \div 8.9065 \geq \sigma^2 \geq 19 \times 2.4 \div 32.8523$$

したがって, σ^2 の 95% 信頼区間は次のようになります.

$$1.3880 \leq \sigma^2 \leq 5.1199$$

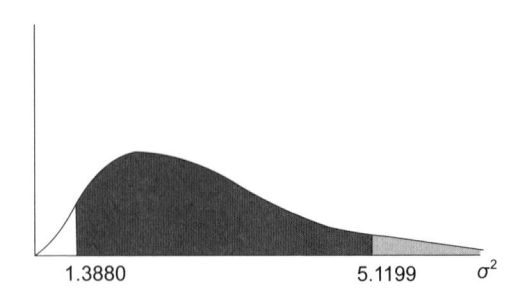

練習問題

1) 全国で実施したあるテストの点数は正規分布にしたがっている．20人を無作為抽出して点数を調べたところ，不偏分散は 45 だった．母分散の 95%信頼区間を求めよ．
2) ある工場で行われている仕事の完成時間は正規分布にしたがう．24人の仕事時間の不偏分散は 6 だった．工場全体の分散の 95%信頼区間を求めよ．
3) 被験者にある薬剤を投与したときの体重増加は正規分布にしたがうと考えられている．26人の体重増加について調べたところ，不偏分散は 2.4 だった．母集団の分散の 95%信頼区間を求めよ．

4.6 推定の手法を応用する

4.6.1 推定の手法を応用する

これまでの節では，1つの母集団に関する平均・分散を区間推定する方法についてみてきました．

より現実的な問題の中で推定を行う場合には，2つの母集団についての差を推定したり，平均・分散以外の母集団の値を推定するといった応用が考えられます．この節で紹介していきましょう．

4.6.2 母平均の差を区間推定する

たとえば，実験などを行う場合において，
「あるテストを受けたグループAの平均 $\bar{X}$ と，グループBの平均 $\bar{Y}$ との間に差があるか」
を知りたい場合があります．すなわち，
「2つの母集団からそれぞれ標本をとって，観察された標本平均 $\bar{X}, \bar{Y}$ の値をもとに，2つの母集団の平均の差がどれだけあるのか推定する」
という問題を考えてみましょう．

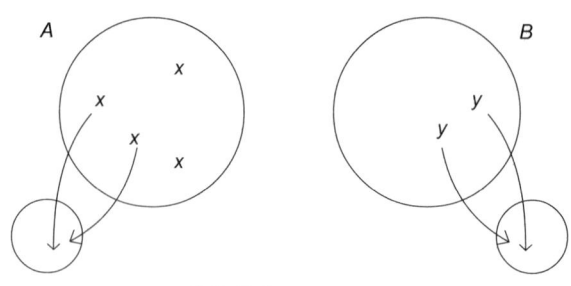

図 4.20 2 標本問題

2 つの母集団からそれぞれ標本をとって母集団について検討する場合があります．

このときには標本平均の差が次の分布にしたがうことを利用して推定を行います．

> **2 つの母集団からの標本平均の差の分布 (母分散が既知の場合)**
>
> 統計量：$\bar{X} - \bar{Y}$ (標本平均の差)
> 分布：平均 $= \mu_1 - \mu_2$，分散 $= \dfrac{\sigma_1^2}{m} + \dfrac{\sigma_2^2}{n}$ の正規分布

ただし，μ_1, σ_1^2 は X がしたがう母集団の平均と分散，μ_2, σ_2^2 は Y がしたがう母集団の平均と分散，m, n はそれぞれの標本数です．

これは標本平均 $\bar{X}$ が平均 μ_1，分散 $\dfrac{\sigma_1^2}{m}$ の正規分布，標本平均 $\bar{Y}$ が平均 μ_2，分散 $\dfrac{\sigma_2^2}{n}$ の正規分布にしたがうことからきています．$\bar{X} - \bar{Y}$ という標本平均の差の分布は，平均 $=$ 2 つの標本分布の平均の差 $(\mu_1 - \mu_2)$，分散 $=$ 2 つの標本分布の分散の和 $(\dfrac{\sigma_1^2}{m} + \dfrac{\sigma_2^2}{n})$ である正規分布にしたがうことになるのです．なお，母分散がわからない場合にも，2 つの母集団の分散が同じであるならば $(\sigma_1^2 = \sigma_2^2)$，母分散 σ_1^2, σ_2^2 に替えて，2 つの標本を合成した標本不偏分散

$$s^2 = \frac{\sum_{i=1}^{m}(X - \bar{X})^2 + \sum_{i=1}^{n}(Y - \bar{Y})^2}{m+n-2}$$

を使うことができます．ただしこの統計量は，自由度が 2 減って，$m+n-2$ の t 分布にしたがうことになります．

2つの母集団からの標本平均の差の分布 (母分散が未知だが等しい場合)

統計量: $T = \dfrac{(\bar{X} - \bar{Y}) - (\mu_1 - \mu_2)}{\sqrt{s^2/m + s^2/n}}$

分布: 自由度 $m + n - 2$ の t 分布

(ただし $s^2 = (\sum_{i=1}^{m}(X - \bar{X})^2 + \sum_{i=1}^{n}(Y - \bar{Y})^2)/(m+n-2)$)

それでは問題を解いてみましょう．

例題 14 2つの学生グループについて学力テストを実施し，無作為抽出して成績を調べた．グループ A のうち，30人の平均点は 87.6 だった．グループ B のうち，30人の平均点は 86.5 だった．2つのグループの母分散が $\sigma_1^2 = 65.7$, $\sigma_2^2 = 51.2$ であることがわかっているとき，グループ A と B との平均の差について，95%信頼区間を求めよ．

解答 最初に $\bar{X} - \bar{Y}$ について標準化を行ってみましょう．

$$Z = \dfrac{(\bar{X} - \bar{Y}) - (\mu_1 - \mu_2)}{\sqrt{\dfrac{\sigma_1^2}{m} + \dfrac{\sigma_2^2}{n}}}$$

この統計量 Z が標準正規分布にしたがうということになります．Z の 95% 信頼区間は次のようになります．

$$-1.96 \leq \dfrac{(\bar{X} - \bar{Y}) - (\mu_1 - \mu_2)}{\sqrt{\dfrac{\sigma_1^2}{m} + \dfrac{\sigma_2^2}{n}}} \leq 1.96$$

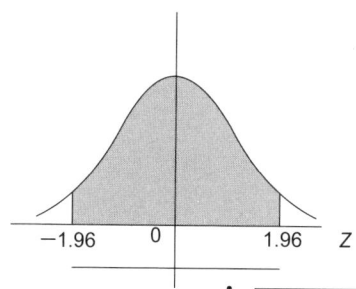

95%の確率で Z が含まれる区間です

この式を，母平均の差 $\mu_1 - \mu_2$ について解きます．

$$-1.96\sqrt{\frac{\sigma_1^2}{m} + \frac{\sigma_2^2}{n}} + (\bar{X} - \bar{Y}) \leq \mu_1 - \mu_2 \leq 1.96\sqrt{\frac{\sigma_1^2}{m} + \frac{\sigma_2^2}{n}} + (\bar{X} - \bar{Y})$$

$m = 30$, $n = 30$, $\bar{X} = 87.6$, $\bar{Y} = 86.5$, $\sigma_1^2 = 65.7$, $\sigma_2^2 = 51.2$ を代入してみましょう．

$$-1.96\sqrt{2.19 + 1.71} + 1.1 \leq \mu_1 - \mu_2 \leq 1.96\sqrt{2.19 + 1.71} + 1.1$$

$$-3.871 + 1.1 \leq \mu_1 - \mu_2 \leq 3.871 + 1.1$$

したがって，母平均の差の 95% 信頼区間は次のようになります．

$$-2.77 \leq \mu_1 - \mu_2 \leq 4.97$$

4.6.3 母分散の比を区間推定する

ここでとりあげたように，2つの母集団の平均の差を調べる場合には，事前に2つの母集団について母分散が等しいものかどうかを調べておかなければならないことがあります．このような場合，まず2つの母集団から標本をとって不偏分散の比を調べ，2つの母分散の比を推定することになります．2つの母分散がほとんど等しければ，母分散の比は1に近いと考えられるからです．この推定では，次の統計量が以下の確率分布にしたがうことを利用します．

2つの母集団の標本分散に関する分布

統計量：$F = \dfrac{s_1^2/s_2^2}{\sigma_1^2/\sigma_2^2}$

確率分布：自由度 $m-1, n-1$ の F 分布

なお，自由度 (k, l) の **F分布** とは，確率変数 X, Y がそれぞれ独立に自由度 k, 自由度 l の χ^2 分布にしたがうとき，次の統計量がしたがう分布となっています．

$$\frac{X/k}{Y/l}$$

図 4.21 F 分布

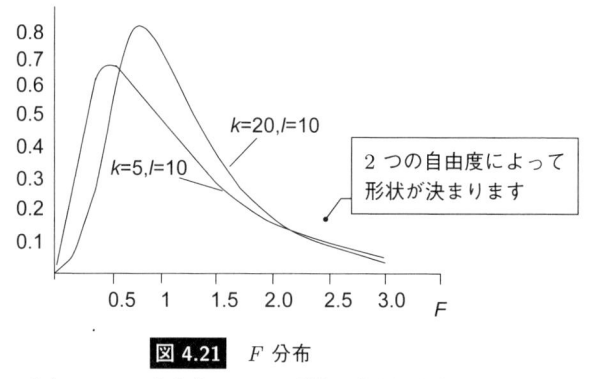

F 分布は 2 つの自由度によって形状が決まります．

さて，通常 F 分布表は次のように上側確率 α ごとの表において，自由度 k，自由度 l から値を求める形式になっています．

表 4.3 F 分布表 (上側確率 $\alpha = 0.025$)

自由度 l \ 自由度 k	1	2	3	$\cdots$	20
1	$\cdots$	$\cdots$	$\cdots$	$\cdots$	$\cdots$
2	$\cdots$	$\cdots$	$\cdots$	$\cdots$	$\cdots$
3	$\cdots$	$\cdots$	$\cdots$	$\cdots$	$\cdots$
$\vdots$	$\vdots$	$\vdots$	$\vdots$		$\vdots$
10	$\cdots$	$\cdots$	$\cdots$	$\cdots$	$\cdots$
$\vdots$	$\vdots$	$\vdots$	$\vdots$		$\vdots$

なお通常 F 分布表では上側確率 $\alpha = 0.025$ などの表が与えられ，大きい α の表は与えられないことが多くなっています．しかし，F 分布のように非対称な分布から信頼区間を求めるためには，上側確率が大きい点も知る必要があります．

このような場合には，自由度 (k, l) の F 分布において上側確率が α となる $100 \times \alpha\%$ 点を求めるために，自由度 (l, k) の F 分布において上側確率が $1 - \alpha$ となる $100 \times (1 - \alpha)\%$ 点の逆数を利用することができます．

たとえば，自由度 $(k=10, l=20)$ の上側 97.5% 点 $F_{0.975}(10, 20)$ は，自由度 $(l=20, k=10)$ の上側 2.5% 点の逆数 $1/F_{0.025}(20, 10)$ として求めることができるのです．

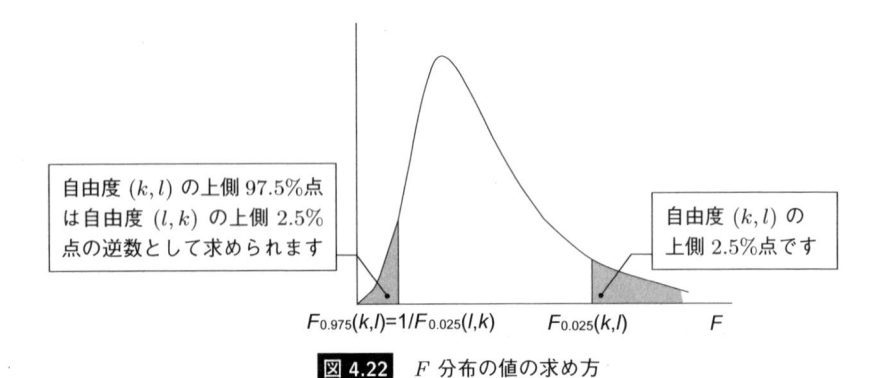

自由度 (k, l) の上側 97.5% 点は自由度 (l, k) の上側 2.5% 点の逆数として求められます

自由度 (k, l) の上側 2.5% 点です

$F_{0.975}(k,l) = 1/F_{0.025}(l,k)$　　$F_{0.025}(k,l)$　　F

図 4.22 F 分布の値の求め方

自由度 (k, l) の上側 $100\alpha\%$ 点は自由度 (l, k) の $100(1-\alpha)\%$ 点の逆数として求められます．

●**分散の比と F 分布**●

ここで用いた統計量 F が F 分布にしたがうことについて少しみておきましょう．確率変数 X, Y がそれぞれ独立に自由度 k，自由度 l の χ^2 分布にしたがうときに $\dfrac{X/k}{Y/l}$ が自由度 k, l の F 分布にしたがうことから，次の式は自由度 $m-1, n-1$ の F 分布にしたがうということがいえます．

$$\frac{(m-1)\dfrac{s_1{}^2}{\sigma_1{}^2}/(m-1)}{(n-1)\dfrac{s_2{}^2}{\sigma_2{}^2}/(n-1)}$$

この式を変形すると $\dfrac{s_1{}^2}{\sigma_1{}^2} \cdot \dfrac{\sigma_2{}^2}{s_2{}^2} = \dfrac{s_1{}^2/s_2{}^2}{\sigma_1{}^2/\sigma_2{}^2}$ です．このため，統計量 $\dfrac{s_1{}^2/s_2{}^2}{\sigma_1{}^2/\sigma_2{}^2}$ が自由度 $(m-1, n-1)$ の F 分布にしたがうことを利用できるのです．

実際に問題を解いてみましょう．

例題 15 2校について学力テストを実施し，無作為抽出を行って成績を調べた．学校 A の 13 人の成績の不偏分散は 38，学校 B の 21 人の成績の不偏分散は 36 だった．A 校と B 校とのばらつきの比の 95%信頼区間を求めよ．

解答 信頼係数が 95%であることから，F 分布表から上側 2.5%点，上側 97.5%点を調べます．

標本数が 13，21 であることから，自由度は $(13-1, 21-1) = (12, 20)$ となります．

自由度 (12,20) の F 分布において，上側 2.5%点は $F_{0.025}(12, 20) = 2.6758$ です．そして上側 97.5%点は，自由度 (20,12) の $F_{0.025}(20, 12) = 3.0728$ の逆数をとって $F_{0.975}(12, 20) = 1/3.0728 = 0.3254$ となります．

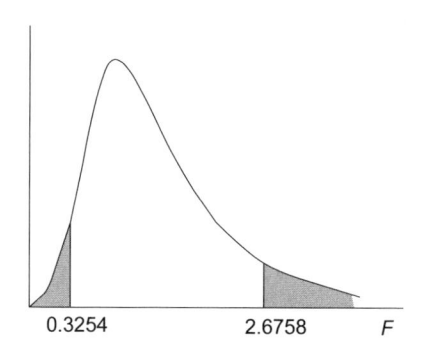

$$0.3254 \leq \frac{s_1^2/s_2^2}{\sigma_1^2/\sigma_2^2} \leq 2.6758$$

$$\left(\frac{s_1^2}{s_2^2} \div 2.6758\right) \leq \frac{\sigma_1^2}{\sigma_2^2} \leq \left(\frac{s_1^2}{s_2^2} \div 0.3254\right)$$

$s_1^2 = 38$，$s_2^2 = 36$ を代入しましょう．

$$(38 \div 36 \div 2.6758) \leq \frac{\sigma_1^2}{\sigma_2^2} \leq (38 \div 36 \div 0.3254)$$

よって，母分散の比の 95%信頼区間は次のようになります．

$$0.3945 \leq \frac{\sigma_1{}^2}{\sigma_2{}^2} \leq 3.2439$$

4.6.4 母比率を区間推定する

母集団中にある目標が存在する割合を考えたい場合があります．これは，目標が存在する割合を生起確率，母集団中のデータ数を試行回数とした二項分布について，生起確率を推定する問題として考えることができます．標本中にあらわれる目標の割合を観察することで，母集団中の目標の割合 (標本比率) を推定しようというのです．母集団の生起確率は**母比率**と呼ばれます．

標本数が多い場合には，母比率 p を推定するために，次の統計量と正規分布を近似的に利用することができます．

二項母集団からの標本比率の分布 ◆

統計量： $\bar{X}$ (標本比率)

確率分布：平均 $= p$, 分散 $= \dfrac{p(1-p)}{n}$ の正規分布に近似する

たとえば次の問題を考えてみましょう．

例題 16 社員数 15000 人の大規模なグループ会社がある．現社長を支持するかについて 200 人を無作為抽出して調べたところ，支持率は 56.5% であった．この会社の現社長の支持率の 95% 信頼区間を求めよ．

解答 母集団は確率 p，試行回数 15000 の二項分布にしたがうものとしましょう．標本数が 200 であり，大きいと考えられるため，標本比率がしたがう分布は正規分布に近似することができます．まず標準化を行いましょう．

統計量： $Z = \dfrac{\bar{X} - p}{\sqrt{p(1-p)/n}}$

95% 信頼区間を調べます．

$$-1.96 \leq \frac{\bar{X} - p}{\sqrt{p(1-p)/n}} \leq 1.96$$

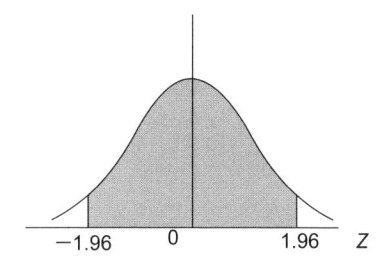

これを p についての次の式に変形します．

$$\bar{X} - 1.96\sqrt{p(1-p)/n} \leq p \leq \bar{X} + 1.96\sqrt{p(1-p)/n}$$

n が十分大きければ，式の両端に含まれる母集団比率 p の値は，標本比率 $\bar{X}$ の値で近似できると考えられますから，次のように置き換えることができます．

$$\bar{X} - 1.96\sqrt{\bar{X}(1-\bar{X})/n} \leq p \leq \bar{X} + 1.96\sqrt{\bar{X}(1-\bar{X})/n}$$

$\bar{X} = 0.565$ を代入します．

$$0.565 - 1.96\sqrt{(0.565 \times 0.435)/200} \leq p \leq 0.565 + 1.96\sqrt{(0.565 \times 0.435)/200}$$

$$0.565 - 0.0688 \leq p \leq 0.565 + 0.0688$$

よって，母比率 p の95%信頼区間は次のようになります．

$$0.496 \leq p \leq 0.634$$

練習問題

1) 地域A・地域Bで収穫されるニンジンの重量調査を行ったところ，地域Aの50個の平均重量は256グラム，地域Bの45個の平均重量は136グラムであった．地域Aの母分散が35，地域Bの母分散が25であるとき，2地域のニンジンの重量差について95%信頼区間を推定せよ．

2) 21 人の A クラスのテストの点数の不偏分散は 72, 19 人の B クラスのテストの点数の不偏分散は 81 であった．テストの点のばらつき (母分散) の比の 95%信頼区間を求めよ．

3) ある電化製品 A について地域 1・地域 2 の電気店の価格調査を行ったところ，地域 1 の不偏分散は 156 (標本数 = 17) と地域 2 の不偏分散は 136 (標本数 = 20) であった．2 地域の電化製品 A の価格の分散の比について 95%信頼区間を推定せよ．

4) 大規模な大学で，学生会会長の選挙が行われ，立候補者は現職のみである．現職を支持するかについて 200 人の生徒を無作為抽出してアンケートをとったところ，支持率は 60.8%だった．全体の支持率について 95%信頼区間を推定せよ．

5) 新製品として発売されたプリンについて嗜好の調査を行った．96 人の標本を得たところ 78.5%が支持した．新製品プリンの支持率について 95%信頼区間を推定せよ．

●有効数字●

　統計によって計算結果を求める場合，無限に計算を行うのではなく，最後に四捨五入を行って有効数字で値を丸めます．一般的には，各事例で測定されたデータの有効桁数や，各確率分布で使用されている有効桁数にあわせます．本書でもこうした方法に準じて端数を処理しています．

5

仮説が正しいか調べる（検定）

5.1 仮説検定を行う

5.1.1 仮説検定とは

前章では標本を調べることによって，母集団に関する値を推定する手法について学びました．

統計学ではまた，標本を調べることによって，母集団に対して何らかの結論を述べようとする場合があります．

たとえば，最近の学生の平均身長が以前と変わったのではないか，あるいは高くなったのではないかという疑問をもったとします．このとき，学生の中から標本を調べて観察し，「学生の平均身長は172センチではない」「学生の平均身長は172センチより大きい」などという自説が，成立するか否かを検証するのです．

標本を調べ，ある仮説が成り立つかどうかを述べる手法を**仮説検定** (hypothesis test) といいます．

ただし，すでに述べているように，推測統計学では，ある一部の標本を観察したことによる結論であって，全体を調査した上の結論ではないことに注意してください．仮説検定においても確率の概念が利用されます．

5.1.2 仮説検定について考える

まず最初に，仮説を立ててみることにしましょう．たとえば「学生の身長は変わったのではないか」という疑問をもったとします．このとき，「学生の身長が172センチではない」という仮説を検証することになります．

しかし，統計学では，仮説が成り立つことを積極的に証明することはしませ

ん．統計においては，この説を証明するのではなく，述べたいこの仮説とは反対の，「採用されたくない説」について検討するのです．そして，その仮説が「どのくらいの確率で採用されないか」を述べるのです．もし，反対の説が，大変低い確率でしか成り立たないと考えられる場合は，「この (反対の) 説は棄却された」という形で結論を述べることになります．この方法では，他説を捨てる方法で自説が採用されることを述べることになります．

この手法では自説を採用すると積極的に述べたことにはならないのですが，消極的な形では採用されることを述べることになります．仮説検定ではここの言い廻しが大切なのでおぼえておきましょう．

5.1.3 仮説を検討する

それでは，採用されたくない仮説を立ててみましょう．これを**帰無仮説** (null hypothesis) といいます．

なお，帰無仮説の否定，すなわち成立するのではないかと考えている仮説は**対立仮説** (alternative hypothesis) と呼ばれます．

たとえば，「母集団の平均身長は 172 センチではない」という説が成り立つのではないかと考えた場合，対立仮説・帰無仮説は次のようになります．

- 対立仮説 H_1：母集団の平均身長は 172 センチではない．
- 帰無仮説 H_0：母集団の平均身長は 172 センチである．

5.1.4 標本に関する統計量・分布を検討する

ここで，帰無仮説が成立するとするならば，標本に関する統計量がしたがうと考えられる分布を検討します．

たとえば，ここでは標本平均について考えているので，これまでにも利用してきた標本平均 $\bar{X}$ がしたがう平均 μ，分散 σ^2/n の正規分布を検討することにします (図 5.1)．

5.1.5 有意水準・棄却域を検討する

さて，観察された標本に関する統計量の値が，この仮定された標本分布の端のほうにあらわれることは少ないと考えられます．たとえば平均身長が 172 セン

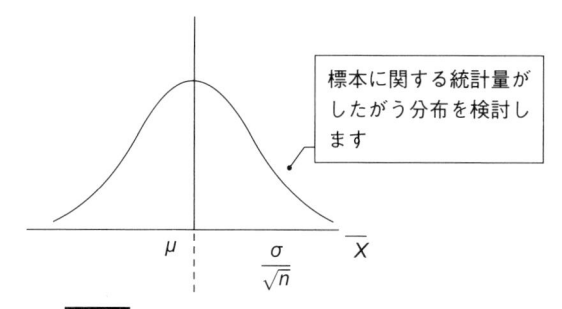

図 5.1 標本分布を検討する

標本に関する統計量がしたがう分布を検討します.

チであるとするなら,標本の平均が 180 センチであることはあまりないことでしょう. ある水準を超える標本に関する統計量が観察されることはほとんどありえないと考えられるのです. そこでもし標本に関する統計量がこの分布の端の領域に観察されるのならば,標本分布のもととなった仮定自体が誤っているものとし,帰無仮説を採用しないものと考えます. この水準を**有意水準** (significance level) と呼びます. 通常,有意水準としては 5% 水準が使われますが,より厳格に結論を述べるために 1% 水準を使うこともあります.

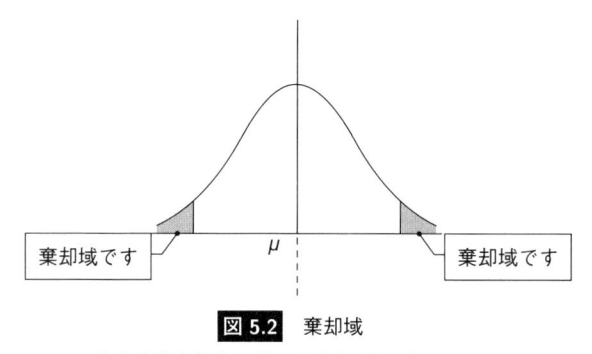

図 5.2 棄却域

有意水準を超える範囲を棄却域と呼びます.

有意水準を超える領域にある X の区間を,**棄却域** (rejection region) と呼びます. ここでは棄却域を両側の端にとっています.

たとえば有意水準 5% とした場合には,0.05 を両端に分割して,両側の網掛

け部分の確率がそれぞれ 0.025 となるように棄却域をとるのです．

5.1.6　標本に関する値を確認する

さて，実際に観察された標本に関する統計量の値が棄却域に入っていれば，それはほとんどないこと，すなわち設定された有意水準のもとでは，帰無仮説が誤っていると考えられます．逆に棄却域に入っていなければ，帰無仮説は誤っていなかったということになります．

標本に関する値がこの範囲にあれば，帰無仮説は誤っているとはいえないと考えられます

標本に関する値がこの範囲にあれば，帰無仮説が誤っていると考えられます

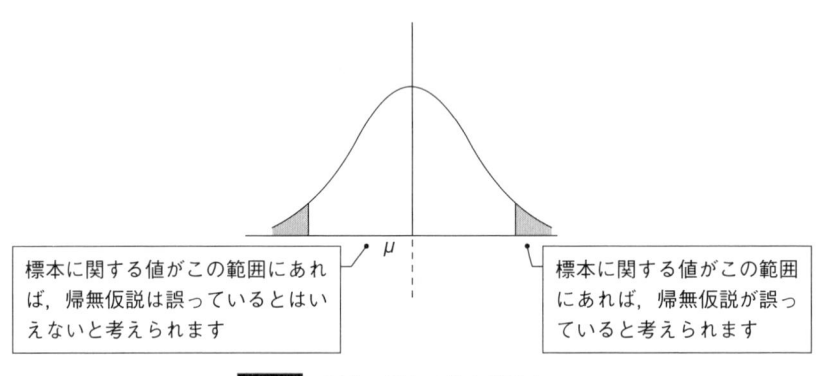

図 5.3　標本に関する値を確認する

観察された標本に関する統計量の値を，仮定された標本分布上で検討します．

5.1.7　結論する

さて，いま本当に考えたいのは対立仮説 H_1 のほうです．そこで，帰無仮説 H_0 が棄却された場合，すなわち帰無仮説 H_0 が採用されなかった場合は，対立仮説 H_1 を採用すると結論づけます．逆に帰無仮説 H_0 が採用された場合には，対立仮説 H_1 を採用しないということになります．

5.1.8　仮説検定の手順をまとめる

以上，検定の手順についてまとめてみると次のようになります．手順を確認してみてください．

仮説検定の手順

① 仮説を検討する
② 統計量と分布を検討する
③ 有意水準と棄却域を検討する
④ 標本に関する値を確認する
⑤ 結論する

練習問題

1) ○×で答えよ．
   ① 成立するのではないかと考えている説を対立仮説とする．
   ② 対立仮説が成り立つと仮定して，標本に関する統計量を調べる．
   ③ 統計量が棄却域にあれば，帰無仮説を棄却して対立仮説を採用する．

5.2 仮説検定を行う

5.2.1 母平均を両側検定する

それでは　具体的に検定を行ってみることにしましょう．

例題 17 A 校の学生の平均身長は 172 センチであるといわれている．しかし平均身長に関するこの説について疑念が出された．そこで学生 20 人を無作為抽出して平均身長を調べたところ，175.2 センチであった．母集団の分散が 36 であることがわかっているとき，A 校の学生の平均身長が 172 センチではないことについて有意水準 5% で検定せよ．

解答

① 仮説を検討する

　　対立仮説と帰無仮説は次のようになります．
- 対立仮説 H_1：A 校の学生の平均身長は 172 センチでない．($\mu \neq 172$)

- 帰無仮説 H_0：A 校の学生の平均身長は 172 センチである．($\mu = 172$)

② 統計量と分布を検討する

帰無仮説が成り立つとしたとき，標本に関する統計量とその量がしたがう分布を検討します．
- 統計量：標本平均 $\bar{X}$
- 分布：平均 μ，分散 $\dfrac{\sigma^2}{n}$ の正規分布

これはすなわち標準化を行った次の統計量が標準正規分布にしたがうことを意味します．
- 統計量：$Z = \dfrac{\bar{X} - \mu}{\sigma/\sqrt{n}}$
- 分布：平均 0，分散 1 の正規分布

③ 有意水準・棄却域を検討する

有意水準は 5% です．$0.05 \div 2 = 0.025$ ですから，上側確率 0.025 に対応する上側 2.5% 点は $Z_{0.025} = 1.96$ です．したがって標準正規分布上では棄却域は次のようになります．

$$\text{棄却域}: \frac{\bar{X} - \mu}{\sigma/\sqrt{n}} < -1.96 \quad \text{または} \quad 1.96 < \frac{\bar{X} - \mu}{\sigma/\sqrt{n}}$$

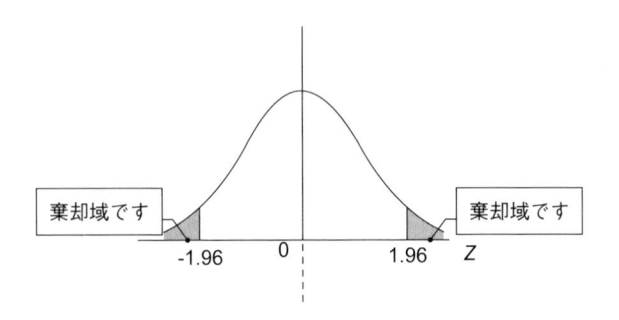

ここで，もとの標本に関する正規分布になおすことを考えてみましょう．$\bar{X}$ について変形すると次のようになります．

$$\text{棄却域}: \bar{X} < \mu - (1.96\sigma/\sqrt{n}) \quad \text{または} \quad \mu + (1.96\sigma/\sqrt{n}) < \bar{X}$$

$\sigma = 6$，$n = 20$，$\mu = 172$ を代入してみましょう．帰無仮説が成り立つ

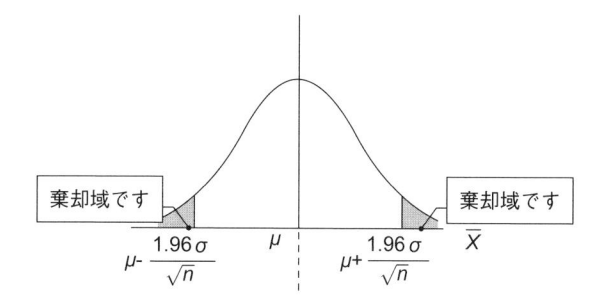

ことを前提としているため，μ が 172 であると仮定されていることに注意してください．

棄却域：

$\bar{X} < -2.629 + 172 = 169.371$ または $\bar{X} > 2.629 + 172 = 174.629$

つまり，$\bar{X}$ の値が 169.371 より小さいか，または 174.624 より大きいなら棄却域にあることになります．

④ 標本に関する値を確認する

さて，観察された標本平均 $\bar{X}$ の値は 175.2 です．この値は棄却域にあることがわかります．

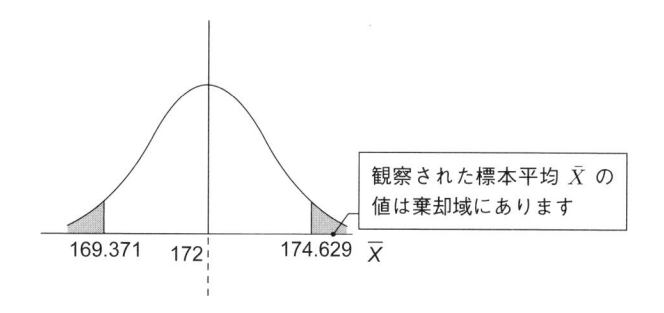

⑤ 結論する

標本平均が棄却域にあることから，母平均が 172 にしては，観察された標本平均は大きすぎるということになりそうです．すなわち，5%の有意水準では「平均身長は 172 センチである」という帰無仮説は棄却され

ることになります．よって消極的にですが，対立仮説「平均身長は 172 センチではない」を採用してよいことになります．

練習問題

1) A 校の全学生の身長は正規分布であり，その平均は従来 168 センチで分散は 25 であった．いま，A 校の学生から標本を 10 人とったところ，平均身長は 168.3 センチであった．A 校の平均身長は変化しているといえるか．有意水準 5% で検定せよ．

2) あるワイン工場において，通常設備 A から容器に注入されるワインの量は毎回平均 16.8 リットルで分散は 16 である．ある年の台風の襲来によって機械に不備が生じ，容器に注入されるワインの量が変わってしまったのではないかと推察された．そこで注入された 30 本の容器の平均を調べたところ平均 18.3 リットルであった．設備に不備が生じたといえるか．有意水準 5% で検定せよ．

3) モーターで動作するプラモデルを試作している．モーター 1 個当たりの総走行距離は平均 2018 メートルであった．別の種類のモーターに変更して総走行距離を調べたところ，25 個の調査の平均は 2022 メートル，不偏分散は 308 であった．モーターの種類の変更によってプラモデルの走行距離は変化したといえるか．有意水準 5% で検定せよ．

4) ある農場の鶏が産む卵の平均重量は 55 グラムであった．飼育する鶏のケージを替えたときに卵の重量に変化があるかを調べたい．ケージ取替え後に 20 個の卵について調べたところ平均重量は 60 グラム，不偏分散は 24 であった．ケージを取り替えることで卵の重量に変化はあったといえるか．有意水準 5% で検定せよ．

5.3 両側検定と片側検定

5.3.1 有意水準を決める際に考えるべきこと

なお，仮説検定に当たっての注意をいくつか紹介しましょう．仮説検定の際には，次の誤りが発生する可能性があります．

- **第一種の過誤**：帰無仮説が正しいにもかかわらず棄却してしまう誤りをいいます．
- **第二種の過誤**：帰無仮説が誤っているにもかかわらず採択してしまう誤りをいいます．

統計では，何らかの仮説（対立仮説）が正しいという考えをもって検定をしています．このため，反対の説を積極的に採択してしまう誤りを特に避けるべきです．したがって，このうち，第二種の過誤を避ける棄却域を決定することが重要です．

5.3.2 両側検定と片側検定を使い分ける

このために使い分けるのが，**両側検定**と**片側検定**です．両側検定では，分布の端の両側に棄却域をとります．片側検定では，分布の片側に棄却域をとります．

ここではできるだけ帰無仮説が棄却されるように棄却域をとることが重要です．

一般的に，対立仮説が「ある母数の値は●ではない」という仮説のように，仮説が否定で表現される場合には，特に情報がないため，これまでと同様両側に棄却域をとる両側検定を行います．

しかし，対立仮説が「ある母数の値は●以下（未満）である」となる場合は，片側検定（左側）を行います．分布の左側に棄却域を多くとることで，標本が観察した棄却域に入りやすくなると考えられ，帰無仮説が棄却されやすくなるからです．少なくとも第二種の過誤は避けることができます．

同じように対立仮説が「ある母数の値は●以上（より大きい）である」という仮説では，片側検定（右側）を行います．分布の右側に棄却域を多くとることで，標本が観察した棄却域に入りやすくなると考えられ，帰無仮説が棄却され

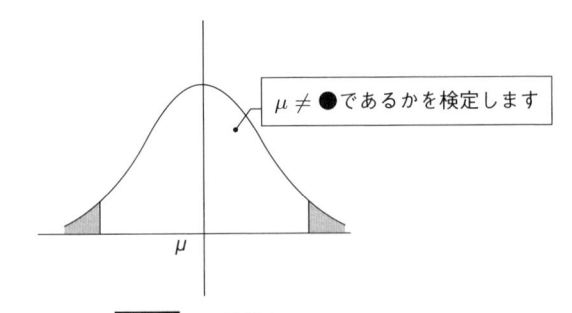

図 5.4 両側検定

両側検定では棄却域を両側にとります.

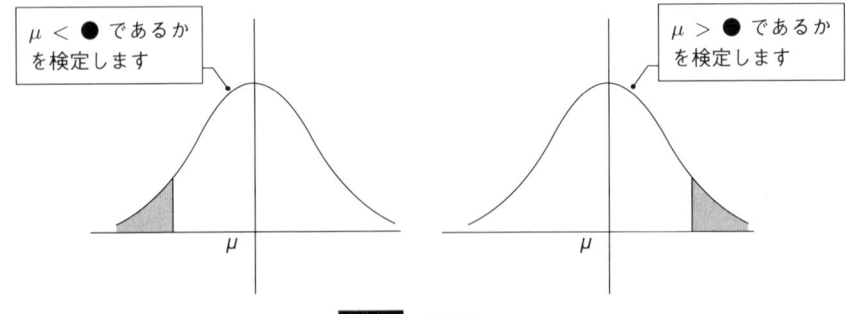

図 5.5 片側検定

片側検定では棄却域を左側 (左図) または右側 (右図) にとります.

やすくなるからです.

5.3.3 母平均の検定を行う (片側)

そこで，次に片側検定を行ってみましょう.

例題 18 学校 A の学生の平均身長は 172 センチだったが，最近の学生の身長は高くなったような気がする．そこで学生 20 人を無作為抽出して平均身長を調べたところ，175.2 センチであった．これまでの分散が 36 であったとき，学生の身長が高くなったかどうか，有意水準 5% で検定せよ．

解答

① 仮説を検討する
- 対立仮説：学校 A の学生の平均身長は 172 センチより高い．($\mu > 172$)

- 帰無仮説：学校 A の学生の平均身長は 172 センチである．($\mu = 172$)

② 統計量と分布を検討する

$Z = \dfrac{\bar{X} - \mu}{\sigma/\sqrt{n}}$ が標準正規分布にしたがうことを利用します．

③ 有意水準・棄却域を検討する

有意水準は 5％ です．今度は右側に棄却域をとります．標準正規分布表から，上側確率 0.05 に対応する点は $Z_{0.05} = 1.64$ となります．したがって棄却域は次のようになります．

$$\text{棄却域}: \dfrac{\bar{X} - \mu}{\sigma/\sqrt{n}} > 1.64$$

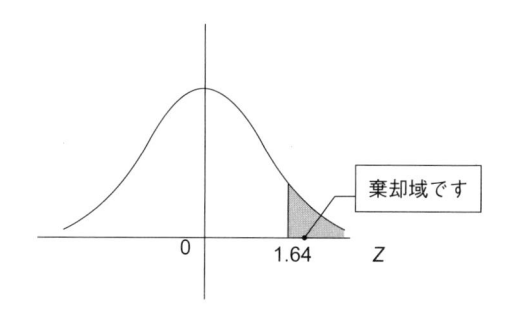

$\bar{X}$ について解き，もとの標本分布上で考えると次のようになるでしょう．

$$\text{棄却域}: \bar{X} > 1.64\sigma/\sqrt{n} + \mu$$

ここで，$\sigma = 6$，$n = 20$，$\mu = 172$ に値を代入してみましょう．

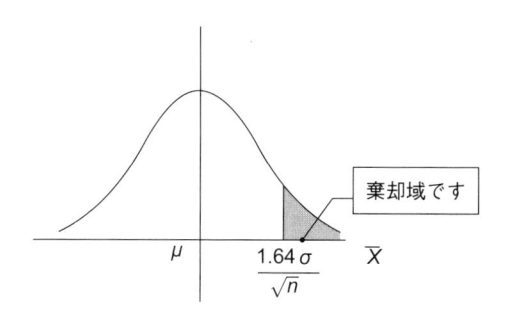

$$\bar{X} > 2.200 + 172$$

よって

$$棄却域 : \bar{X} > 174.200$$

④ 標本に関する値を確認する

標本平均は 175.2 センチですから，棄却域にあります．

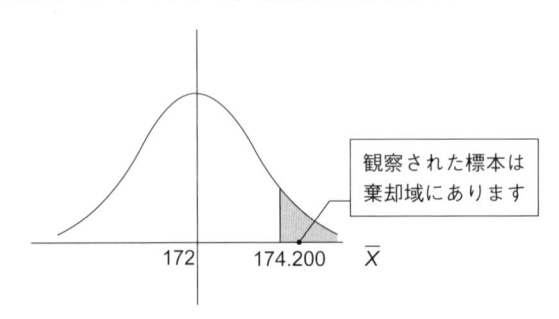

観察された標本は棄却域にあります

⑤ 結論する

やはり，母集団の平均が 172 だとすると，観察された標本平均は大きすぎるということになります．すなわち，有意水準 5% のもとでは「平均身長は 172 センチである」という帰無仮説は棄却されることになります．よって，消極的にですが，「平均身長は 172 センチより高い」という対立仮説を採用することになります．

練 習 問 題

1) 従来，A 校の全学生の身長平均は 168 センチ，分散は 12.1 であった．今年，A 校の全学生から無作為抽出で標本を 40 人とったところ，平均身長は 168.3 センチだった．A 校の学生はこれまでの平均身長より高くなったといえるか，有意水準 5% で検定せよ．

2) 店舗 A の過去の 1 日の売上平均は 150000 円，標準偏差は 8500 円であった．企業 B とのタイアップによって売り上げを上げようと考えて実行した．タイアップ後の売上を 30 日分無作為抽出で調べたところ，160000

円になった．タイアップによって売上増効果はあったか，有意水準 5% で検定せよ．

3) ある工場で製品 A を作っている．新しい製造法の導入によって生産効率が改善されたかを判断したい．従来の製造法では生産時間の平均値が 1.5 分だったことがわかっている．新しい製造法を採用し，18 個の標本をとって調べたところ平均値は 1.3 分，不偏分散は 0.56 だった．従来の製造法から平均時間が短縮されたといえるか，有意水準 5% で検定せよ．

4) ある工場で製品 A を作っている．新しい製造法の導入によって製品の寿命が改善されたかを判断したい．従来の製造法では製品寿命の平均値が 1050 時間だったことがわかっている．新しい製造法を採用し，20 個の標本をとって調べたところ平均値は 1100 時間，不偏分散は 225 だった．製品寿命が延びたといえるか．有意水準 5% で検定せよ．

5) ある市場に入荷されるじゃがいもの平均重量は従来 126 グラムであった．今年は天候の悪化で小さくなったと考えられるため，25 個の標本平均を調べたところ，平均 123 グラム，不偏分散は 25 であった．平均重量は減少したといえるか．

5.4 検定を応用する

5.4.1 母平均の差の検定を行う

この節では検定の応用をみていくことにしましょう．実際の問題を統計の問題としてとらえることができるかどうかが重要になります．実際に確認してみてください．

例題 19 ある地域の学生に対して，学力テストを実施した．A 校の 20 人と B 校の 25 人の点数を無作為抽出して調べたところ，A 校の平均点は 65，分散は 72，B 校の平均点は 70，分散は 76 であった．2 つの学校の母分散は同じであると知られている．

2 校の平均点には差があると考えられるか，有意水準 5% で検定せよ．ただし $t_{0.025}(43) = 2.017$ である．

【解答】 異なる 2 つの母集団の平均に差があるかどうかを検定する問題として考えられます.

手順にしたがって考えてみましょう.

① 仮説を検討する
- 対立仮説：A 校と B 校の平均点には差がある. ($\mu_1 \neq \mu_2$)
- 帰無仮説：A 校と B 校の平均点には差がない. ($\mu_1 = \mu_2$)

② 統計量・分布を検討する

ここでは母分散がわかっていないので，4.6 節で紹介した，正規母集団からの 2 標本の差に関する統計量 T が自由度 $m+n-2$ の t 分布にしたがうことを利用します．ただし s^2 は合成された不偏分散 $\{\sum_{i=1}^{m}(X-\bar{X})^2 + \sum_{i=1}^{n}(Y-\bar{Y})^2\}/(m+n-2)$ です．

$$T = \frac{(\bar{X}-\bar{Y})-(\mu_1-\mu_2)}{\sqrt{\frac{s^2}{m}+\frac{s^2}{n}}}$$

③ 有意水準・棄却域を検討する

有意水準 5% で両側検定を行います．自由度 $m+n-2 = 20+25-2 = 43$ の t 分布で上側確率 $0.05 \div 2 = 0.025$ に対応する上側 2.5% 点は $t_{0.025}(43) = 2.017$ です．したがって棄却域は次のようになります．

$$棄却域: \frac{(\bar{X}-\bar{Y})-(\mu_1-\mu_2)}{\sqrt{\frac{s^2}{m}+\frac{s^2}{n}}} < -2.017$$

$$または \quad 2.017 < \frac{(\bar{X}-\bar{Y})-(\mu_1-\mu_2)}{\sqrt{\frac{s^2}{m}+\frac{s^2}{n}}}$$

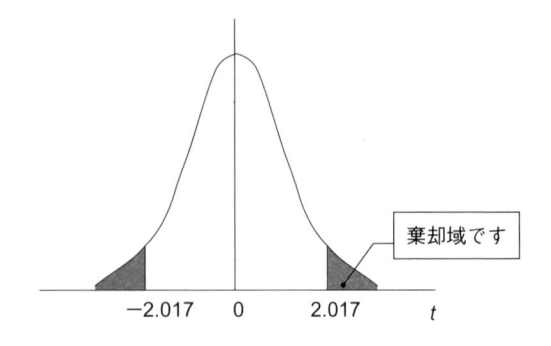

$$s^2 = \frac{(m-1){s_1}^2 + (n-1){s_2}^2}{m+n-2} = \frac{(20-1)\times 72 + (25-1)\times 76}{20+25-2} =$$
74.23 です．s^2, $m=20$, $n=25$, $\mu_1 - \mu_2 = 0$ を代入しましょう．

$$\bar{X} - \bar{Y} < -2.017\sqrt{\frac{74.23}{20} + \frac{74.23}{25}}$$

$$\text{または} \quad -2.017\sqrt{\frac{74.23}{20} + \frac{74.23}{25}} < \bar{X} - \bar{Y}$$

よって

$$\text{棄却域：}\bar{X} - \bar{Y} < -5.213 \quad \text{または} \quad \bar{X} - \bar{Y} > 5.213$$

④ 標本に関する値を確認する

$\bar{X} - \bar{Y} = 65 - 70 = -5$ であり，棄却域にはありません．

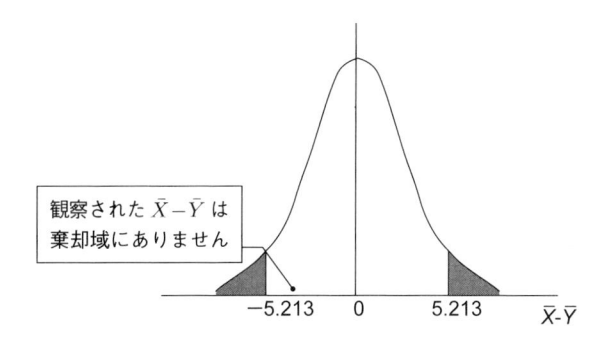

⑤ 結論する

観察された標本の値と有意水準のもとでは，「A 校と B 校の平均点には差がない」という帰無仮説を棄却できません．よって「A 校と B 校の平均点に差がある」という対立仮説は採用できないことになります．

5.4.2　母分散の検定を行う

例題 20　A 製品の大きさのばらつきが大きくなっているのではないかと感じ

た．従来 A 製品の大きさの分散は，$\sigma^2 = 3.6$ であることがわかっている．A 製品について標本 31 個を調べてみると，標本不偏分散は $s^2 = 5.3$ であった．分散が従来より大きくなったといえるか，有意水準 5% で検定せよ．

解答 手順にしたがって考えてみましょう．

① 仮説を検討する
- 対立仮説：A 製品のばらつきは大きくなっている．（$\sigma^2 > 3.6$）
- 帰無仮説：A 製品のばらつきは変わらない．（$\sigma^2 = 3.6$）

② 統計量・分布を検討する

統計量 $\chi^2 = (n-1)\dfrac{s^2}{\sigma^2}$ が自由度 $n-1 = 31-1 = 30$ の χ^2 分布にしたがうことを利用します．

③ 棄却域を考える

5% 有意水準で片側検定 (右側) を行います．自由度 30 の χ^2 分布で，上側確率 0.05 に対応する上側 5% 点は $\chi^2_{0.05}(30) = 43.7730$ です．

$$\text{棄却域}: \chi^2 = (n-1)\dfrac{s^2}{\sigma^2} > 43.7730$$

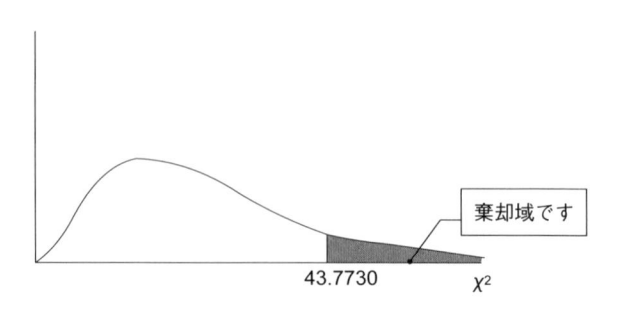

$n = 31$，$\sigma^2 = 3.6$ を代入し，標本分布上で考えます．

$$\text{棄却域}: s^2 > 43.7730\sigma^2/(n-1) = 5.2528$$

④ 標本の位置を確認する

標本不偏分散は 5.3 なので棄却域にあります．

観察された s^2 は棄却域にあります

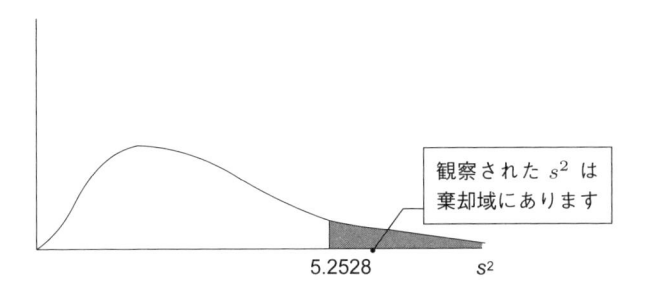

5.2528 s^2

⑤ 結論する

「ばらつきは変わらない」という帰無仮説を棄却します．「ばらつきが大きくなっている」という対立仮説を採用することになります．

5.4.3 母分散の比の検定を行う

例題 21 工場によって製品の重さにばらつきがあるように感じた．A 工場から 21 個の標本を調べたところ，その不偏分散は $s_a^2 = 3.8$ であり，B 工場から 16 個の標本を調べたところ，その不偏分散は $s_b^2 = 3.2$ だった．2 つの工場で生産した製品の重さのばらつきには差があるといえるか．有意水準 5% で検定せよ．

解答 手順にしたがって考えてみましょう．

① 仮説を検討する
- 対立仮説：A 工場と B 工場の母分散の比は 1 に等しくない．$(\sigma_a^2/\sigma_b^2 \neq 1)$
- 帰無仮説：A 工場と B 工場の母分散の比は 1 に等しい．$(\sigma_a^2/\sigma_b^2 = 1)$

② 統計量と分布を検討する

統計量 $F = \dfrac{s_a^2/s_b^2}{\sigma_a^2/\sigma_b^2}$ が自由度 $(21-1, 16-1) = (20, 15)$ の F 分布にしたがうことを利用します．

③ 有意水準・棄却域を検討する

5%有意水準で両側検定を行います．

上側確率 0.025 に対応する自由度 (20,15) の点：$F_{0.025}(20, 15) = 2.7559$

上側確率 0.975 に対応する自由度 (20,15) の点：

上側確率 0.025 に対応する自由度 (15,20) の点が $F_{0.025}(15, 20) = 2.5731$ であることより，$F_{0.975}(20, 15) = 1 \div 2.5731 = 0.3886$

よって以下の場合に帰無仮説を棄却します．

$$\text{棄却域}: \frac{s_a{}^2/s_b{}^2}{\sigma_a{}^2/\sigma_b{}^2} < 0.3886 \quad \text{または} \quad 2.7559 < \frac{s_a{}^2/s_b{}^2}{\sigma_a{}^2/\sigma_b{}^2}$$

$\sigma_a{}^2/\sigma_b{}^2 = 1$ を代入します．

$$\text{棄却域}: s_a{}^2/s_b{}^2 < 0.3886 \quad \text{または} \quad 2.7559 < s_a{}^2/s_b{}^2$$

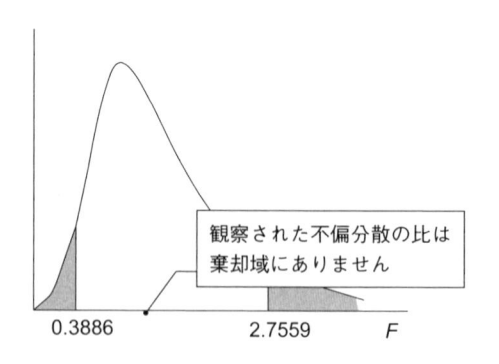

観察された不偏分散の比は棄却域にありません

④ 標本に関する値を確認する

$3.8 \div 3.2 = 1.1875$ ですので，棄却域にありません．

⑤ 結論する

帰無仮説を棄却することができません．したがって「ばらつきに差がある」という対立仮説を採用することができません．

5.4.4 母比率の検定を行う

例題 22 ある大企業で社長について支持するか・支持しないかについて調査

したところ，200人中145人が支持した．70%を超える支持があるといえるか．有意水準5%で検定せよ．

解答 手順にしたがって考えてみましょう．

① 仮説を検討する
- 対立仮説：支持率は70%より大きい．　($p > 0.7$)
- 帰無仮説：支持率は70%である．　($p = 0.7$)

② 統計量と分布を検討する

平均 p，分散 $p(1-p)/n$ の正規分布で近似します．

③ 有意水準・棄却域を検討する

5%有意水準で右側検定を行います．上側5%点は1.64です．

$$棄却域：Z = \frac{\bar{X} - p}{\sqrt{p(1-p)/n}} > 1.64$$

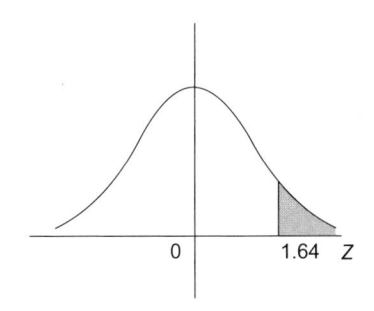

$\bar{X}$ について解きます．$n = 200$，$p = 0.7$ を代入します．

$$\bar{X} > 1.64\sqrt{p(1-p)/n} + p$$

よって

$$棄却域：\bar{X} > 1.64\sqrt{0.7(1-0.7)/200} + 0.7 = 0.753$$

④ 標本に関する値を確認する

標本の比率は $145 \div 200 = 0.725$ です．標本比率は棄却域にありません．

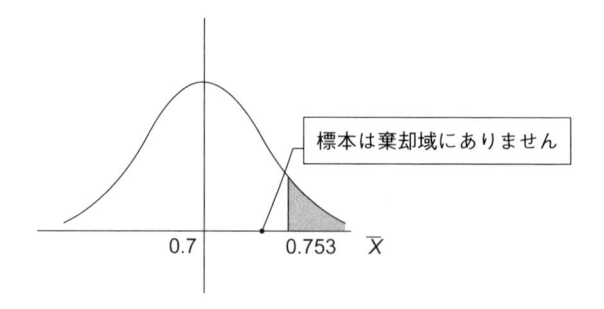

図中: 標本は棄却域にありません
0.7 0.753 X̄

⑤ 結論する

観察された標本比率と有意水準のもとでは，「支持率が70%である」という帰無仮説を棄却できません．「支持率が70%を超える」という対立仮説は採用することができません．

練習問題

1) A都市とB都市の学生の平均身長は異なるように思われる．A都市から10人の標本をとったところ，身長平均は168センチ，不偏分散25であり，B都市の学生から標本を10人とったところ，平均身長は170センチ，不偏分散24であった．2都市の学生の平均身長は異なるといえるか，有意水準5%で検定せよ．ただし母分散は等しいとわかっているものとする．

2) グループ傘下のT工場で製造している製品の大きさのばらつきが大きいように思われた．製品30個について調べたところ，標本不偏分散は26であった．しかし，T工場長はばらつきは分散は20であるという．T工場長の主張は正しいといえるか．有意水準5%で検定せよ．

3) 食品メーカーSで製造している商品の饅頭の重量について工場によってばらつきがあるように思われる．A工場の饅頭18個の不偏分散は6.3，B工場の饅頭20個の不偏分散は16.8であった．工場AとBのばらつきは異なっているといえるか．有意水準5%で検定せよ．

4) ある大企業に所属する従業員のうち150人の従業員について調べたとこ

ろ，32 人が自転車を所持していた．この大企業の従業員の自転車の所持率は 20% 以上であるといえるか．

5) 検査中の製品において，不良品の割合が 3% 未満であるかを検定したい．200 個の標本を取ったところ，不良品は 5 個だった．不良品の割合は 3% 未満であるといえるか．有意水準 5% で検定せよ．

6

統計を応用する

6.1 適合度の検定を行う

6.1.1 適合度の検定とは

この章ではさらに統計の応用方法をみていくことにしましょう．実際に観察した度数と，理論上期待できる度数がどの程度適合しているか (していないか) を検定したい場合があります．たとえば次のような問題を考えてみましょう．

例題 23 ある店で 1%・3%・6%・30%・60% の確率で特等・一等・二等・三等・等外があたるというくじが行われている．しかし，店の利用者はこれが本当にこの通りになっていないのではないかと考えた．実際に利用者が 200 本を引いて調べたところ，次のようになった．

	特等	1等	2等	3等	等外
観測度数	1	5	15	50	129

実際に観察された度数を**観測度数** (observed frequency) といいます．この観測度数としての結果から本当にあらかじめ示された確率であるかという仮説を検定することができるでしょうか．たとえば 200 回引いたとき，理論上期待される回数は次のようになるはずです．確率に試行回数を乗じて求めたこれらの値は**期待度数** (expected frequency) と呼ばれます．

	特等	1等	2等	3等	等外
期待度数	2	6	12	60	120

理論上期待される度数です

しかし，実際の観測度数は期待度数と等しくはなりません．それでも観察結

果がおかしいともいいきれません．誤差の範囲内で偶然このような結果となったと考えるべきかもしれないからです．

そこで，考えるべきなのは，この結果は期待に適合しながらも起こった偶然なのか，それともそうではなく，観測度数は期待度数にそもそも適合していないのか，ということです．この判定を行うために，**適合度の検定** (test for goodness of fit) が利用されます．

適合度の検定では，観測度数と期待度数の適合の度合いを統計量として選択し，検定を行います．

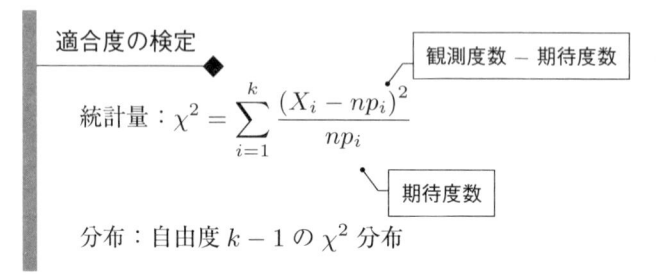

> **適合度の検定**
>
> 統計量：$\chi^2 = \sum_{i=1}^{k} \dfrac{(X_i - np_i)^2}{np_i}$
>
> （観測度数 − 期待度数）
> （期待度数）
>
> 分布：自由度 $k-1$ の χ^2 分布

観測度数と期待度数がかなり一致しているなら，上記の χ^2 値は 0 に近くなります．観測度数と期待度数にずれがあるなら，χ^2 値は大きい値となるでしょう．そこで分布の右側に棄却域を取って片側検定を行うことにします．

解答 検定の手順に従って検定してみましょう．

① 仮説を検討する
- 対立仮説：観測度数は期待度数に適合していない．
- 帰無仮説：観測度数は期待度数に適合している．

② 統計量・分布を検討する

自由度 $k-1=5-1=4$ の χ^2 分布を使用します．統計量を計算してみましょう．

$$\chi^2 = \frac{(1-2)^2}{2} + \frac{(5-6)^2}{6} + \frac{(15-12)^2}{12} + \frac{(50-60)^2}{60} + \frac{(129-120)^2}{120}$$

$$= (1/2) + (1/6) + (9/12) + (100/60) + (81/120)$$

$$= (60 + 20 + 90 + 200 + 81) \div 120$$

$$= 3.7583$$

③ 有意水準・棄却域を考える

有意水準 5% で片側検定します．自由度 4 の χ^2 分布の上側 5%点が $\chi^2_{0.05}(4) = 9.4877$ であることから，棄却域は次のようになります．

$$棄却域：\chi^2 > 9.4877$$

④ 標本に関する値を確認する

標本から計算された統計量 χ^2 の値は 3.7583 ですので，棄却域にありません．

⑤ 結論する

「観測度数は理論度数に適合している」という帰無仮説は棄却できません．したがって観測度数は理論度数に適合していないという対立仮説を採用できません．当選確率と違っているとはいえないことになります．

6.1.2 独立性の検定を行う

適合度の検定を応用すると，2 項目間の独立性を調べることができます．次の問題について考えてみてください．

例題 24 飲酒習慣と地域の関連性について調べたい．各地域に居住する住民から 100 人を標本として調べたところ以下のようになった．飲酒と地域には関連性がないといえるか．

飲酒＼地域	A	B	C	合計
する	25	20	15	60
しない	10	10	20	40
合計	35	30	35	100

ここでは標本数にしめる地域 A の標本数の割合が 35% であることはわかっています．すると，もし 2 項目に関係性がなく，独立である場合には，「飲酒をする」の 60 人のうちの 35% = 21 人が地域 A の住民であると期待できます．

このように考えると，2 項目が独立である場合の期待度数を次のように考えることができます．そこでこの期待度数を使って適合度の検定を行えば 2 項目間の独立性を考えることができます．この適合度の検定を，**独立性の検定** (test for independence) といいます．

表 6.1 期待度数

飲酒 \ 地域	A	B	C	合計
する	$60 \times 0.35 = 21$	$60 \times 0.3 = 18$	$60 \times 0.35 = 21$	60
しない	$40 \times 0.35 = 14$	$40 \times 0.3 = 12$	$40 \times 0.35 = 14$	40
合計	35	30	35	100

解答 それでは独立性の検定を行ってみましょう．

① 仮説を検討する
- 対立仮説：観測度数は期待度数に適合していない (2 項目は独立でない)．
- 帰無仮説：観測度数は期待度数に適合している (2 項目は独立である)．

② 統計量・分布を検討する

適合度の検定 (独立性の検定) では，表の欄が r 行 c 列ある場合に，自由に動ける変数は $(r-1)(c-1)$ となります．このため自由度 $(2-1)(3-1) = 2$ の χ^2 分布を使用します．統計量を計算してみましょう．

$$\chi^2 = \frac{(25-21)^2}{21} + \frac{(20-18)^2}{18} + \frac{(15-21)^2}{21}$$
$$+ \frac{(10-14)^2}{14} + \frac{(10-12)^2}{12} + \frac{(20-14)^2}{14} = 6.7403$$

③ 有意水準・棄却域を検討する

有意水準 5% で片側検定 (右側) を行います．自由度 2 の 5% 点が $\chi^2_{0.05}(2) = 5.9915$ であることから，棄却域は次のようになります．

$$\text{棄却域} : \chi^2 > 5.9915$$

④ 標本に関する値を確認する

標本から計算された統計量 6.7403 は棄却域に入っています．

⑤ 結論する

「飲酒習慣と地域は独立している」という帰無仮説を棄却します．飲酒習慣と地域には関係があると結論します．

練習問題

1) 定期的に開催される展示会に来場する客のうち，招待券で来場する割合が 15%，前売り券を購入する割合が 35%，当日券を購入する割合が 50% だという仮説を検定したい．ある日の展示会で観測された人数は以下であった．有意水準 5% で検定せよ．

招待券	前売券	当日券
24	61	115

2) あるチェーン店では同規模の店舗の開業を続けている．各店舗の開業年数と売上高の関係について，店舗数を調べたところ，次のようになった．開業年数と売上高の独立性について有意水準 5% で検定せよ．

売上高 \ 開業年数	1 年未満	1 年以上 3 年未満	3 年以上	合計
500 万円未満	24	12	20	56
500 万以上 1000 万円未満	13	23	22	58
1000 万円以上	8	25	23	56
合計	45	60	65	170

6.2 分散分析を行う

6.2.1 3 グループ以上の平均を比較する

これまでの節では，2 つの母集団から標本をとり，その平均を比較する問題がありました．

これに対して，3 つ以上の集団の平均値を比較する問題を考えるべきときがあります．たとえば，3 つの薬剤を投与したマウスの体重の増加を計測し，体重の増加をもって薬剤の有効性を判断したいとします．このとき，各 10 匹のマウスについて表のデータが得られたとしましょう．この結果から，各薬剤によって体重が増加したといえるでしょうか．

観察結果をみると，体重が増加しているケースもあります．しかし，それはマウス個体の影響によるものかもしれず，この増加だけをもって薬剤に有効性があったと結論付けられるとは限りません．このときテストを行う手法として**分散分析** (analysis of variance) があります．

単位：グラム

マウス	薬剤 I	薬剤 II	薬剤 III
①	5.8	6.7	3.5
②	-1.2	-4.8	2.6
③	3.8	5.2	2.5
④	3.9	4.1	2.1
⑤	4.0	5.2	2.8
⑥	1.2	2.3	1.5
⑦	-1.5	0.2	0.3
⑧	2.5	3.2	1.4
⑨	0.2	0.8	0.6
⑩	1.5	2.1	2.2
平均	2.02	2.5	1.95
全平均			2.157

6.2.2 グループによる影響を調べる

まず，薬剤による影響をはかるために，薬剤の影響と，マウス個々の個体の

影響にわけることにします．すなわち，各標本の平均からのばらつきを，各薬剤というグループ間のばらつき (薬剤の影響) とその内部でのグループ内のばらつき (個体の影響) の 2 つにわけて考えることにします．

```
薬剤による影響と考えます        個体による影響と考えます
        ┌─────────┬──────────┐
        │グループ間の│グループ内の│
        │ ばらつき │ ばらつき │
        └─────────┴──────────┘
```

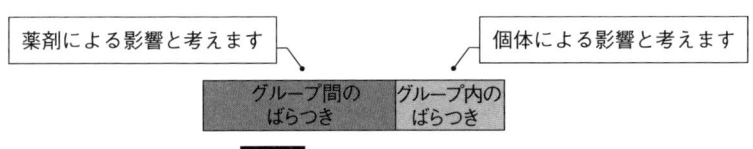

図 6.1 標本のばらつき

標本のばらつきをグループ間のばらつきによるものとグループ内のばらつきによるものとにわけて考えます．

双方のばらつきを求めるために，2 種類の不偏分散を考えることにします．
① グループ間のばらつきをあらわす不偏分散：

$$\frac{\sum_{k=1}^{g}(各グループ平均 - 全体平均)^2}{グループ数 - 1} \quad (g：グループ数)$$

② グループ内のばらつきをあらわす不偏分散：

$$\frac{\sum_{k=1}^{n}(各個体値 - 各グループ平均)^2}{標本数 - 1} \quad (n：標本数)$$

①の分子では，各グループについて，全体の平均と各グループ平均の乖離を偏差として求め，偏差平方和を求めています．グループ数分のデータですから，グループ数 -1 で割って不偏分散を求めることになります．

②の分子では，各個体について，個別の値と各グループ平均の乖離を偏差として求め，偏差平方和を求めています．標本数分のデータですから，標本数 -1 で割って不偏分散を求めることになります．

さて，この 2 種類の不偏分散から，母集団の分散を推定することができます．このためには次の計算を行います．

①より：グループ間不偏分散を標本数倍する

$$\frac{標本数 \times \sum_{k=1}^{g}(各グループ平均 - 全体平均)^2}{グループ数 - 1}$$

②より:グループ内不偏分散をグループ数で割って平均をとる

$$\frac{\sum_{k=1}^{n}(各個体値 - 各グループ平均)^2}{グループ数(標本数 - 1)}$$

2つの不偏分散から求めた値は,どちらも全体の分散の推定量となります.しかし,もしグループ間の影響が大きい(薬剤によるばらつきが大きい)なら,①のグループ間の不偏分散は大きい値をとることになるでしょう.そこで,2つの不偏分散の比を調べ,その比が1に近いかどうかの検定を行います.すなわち,この検定においては以下の統計量と分布を利用します.

分散分析

統計量:$F = \dfrac{n \times \left(\sum_{k=1}^{g}(各グループ平均 - 全体平均)^2\right) / (グループ数 - 1)}{\sum_{k=1}^{n}(各個体 - グループ平均)^2 / (グループ数(標本数 - 1))}$

分布:自由度 $(グループ数 - 1, グループ数(標本数 - 1))$ の F 分布

不偏分散の比が大きいことを対立仮説とするため,棄却域は分布の右側にとります.

6.2.3 分散分析を行う

それでは検定の手順にしたがって計算してみましょう.

① 仮説を検討する
- 対立仮説:不偏分散の比 F が1より大きい.(薬剤の影響が大きい.)
- 帰無仮説:不偏分散の比 F が1に等しい.(薬剤の影響はない.)

② 統計量・分布を検討する

統計量 F を計算しましょう.グループ間・グループ内の偏差平方和を求め,それぞれの不偏分散を求めます.

グループ間の不偏分散から推定した値:

$$10 \times (0.0187 + 0.118 + 0.0428) \div (3 - 1) = 0.8975$$

表 6.2 グループ間の偏差平方和

	I	II	III
①	…	…	…
②	…	…	…
	⋮	⋮	⋮
平均	2.02	2.5	1.95
全平均			2.157
偏差平方和	$(2.02-2.157)^2$ $=(-0.137)^2=0.0187$	$(2.5-2.157)^2$ $=(0.343)^2=0.118$	$(1.95-2.157)^2$ $=(-0.207)^2=0.0428$

表 6.3 グループ内の偏差平方和

	I	II	III
①	$(5.8-2.02)^2=14.2884$	$(6.7-2.5)^2=17.64$	$(3.5-1.95)^2=2.405$
②	$(-1.2-2.02)^2=10.3684$	$(-4.8-2.5)^2=53.29$	$(2.6-1.95)^2=0.4225$
③	…	…	…
	⋮	⋮	⋮
計			159.8737

グループ内の不偏分散から推定した値:

$$159.8737 \div (3 \times (10-1)) = 5.8548$$

よって 2 つの比は

$$F = 0.8975/5.8548 = 0.1532$$

③ 有意水準・棄却域を検討する

有意水準 5% で片側検定します.自由度 $(3-1, 3\times(10-1)) = (2, 27)$ の 5% 点は $F_{0.05}(2, 27) = 3.3541$ より,棄却域は次のようになります.

$$棄却域:F > 3.3541$$

④ 標本に関する値を確認する

計算された統計量 F は 0.1532 ですので棄却域にありません.

⑤ 結論する

対立仮説を採用できません．薬剤の効果があるとはいえないことになります．

統計学には，適合度の検定，独立性の検定，分散分析などさまざまな応用が考えられています．各種の手法を身につけて統計学を実践に役立てていってみてください．

練習問題

1) 各 7 人に薬剤を投与したところ，血圧の変化は以下のようになった．薬剤間の差があるといえるか．

単位：mmHg

	薬剤 I	薬剤 II	薬剤 III
患者 1	3.2	−2.1	−2.3
患者 2	2.3	−3.1	−3.4
患者 3	2.5	1.1	−3.5
患者 4	4.3	−0.1	1.1
患者 5	1.2	1.3	0.1
患者 6	−0.1	1.5	−3.0
患者 7	2.1	1.2	−2.2

2) 同じ広さの土地で以下の薬品を散布したところ，それぞれ以下のじゃがいもの生産量が得られた．薬品によって収穫量に差があるといえるか．

単位：キロ

	I	II	III	IV
土地	10.5	10.8	10.4	11.1
土地	10.2	10.6	10.2	12.1
土地	9.6	9.6	9.9	10.3
土地	26.1	26.7	26.6	27.5
土地	11.1	12.1	11.1	15.1
土地	15.1	16.1	17.1	18.1

今後の学習のために

- 「統計学入門」東京大学教養学部統計学教室編，東京大学出版会，1991.
- 「初等統計学」P・G・ホーエル，培風館，1981.
    本書では取り上げていない統計学上のトピックも扱っている．
- 「Excel による統計入門」縄田和満，朝倉書店，2007.
    PC 上で一般的に普及している表計算ソフト・Excel を使い，統計学を学習できる．
- 「統計でウソをつく法」ダレル・ハフ，講談社，1968.
- 「意思決定の基礎」松原望，朝倉書店，2001.
    統計に関する分析・評価・問題解決について教養を深めることができる．

付　　録

Excel の関数

指標	関数	備考
平均値	AVERAGE ()	データ範囲から求める
中央値	MEDIAN ()	
最頻値	MODE ()	
レンジ	MAX () − MIN ()	
偏差平方和	DEVSQ ()	
分散	VARP ()	
標準偏差	STDEVP ()	
不偏分散	VAR ()	
不偏分散による標準偏差	STDEV ()	
共分散	COVAR ()	2つのデータ範囲から求める
相関係数	CORREL ()	
正規分布	NORMDIST ()	パーセント点 → 確率を求める
	NORMINV ()	確率 → パーセント点を求める
標準正規分布	NORMSDIST ()	パーセント点 → 確率を求める
	NORMSINV ()	確率 → パーセント点を求める
t 分布	TDIST ()	パーセント点・自由度 → 確率を求める
	TINV ()	確率・自由度 → パーセント点を求める
χ^2 分布	CHIDIST ()	パーセント点・自由度 → 確率を求める
	CHINV ()	確率・自由度 → パーセント点を求める
F 分布	FDIST ()	パーセント点・自由度 → 確率を求める
	FINV ()	確率・自由度 → パーセント点を求める
二項分布	BINOMDIST ()	成功数・試行回数・成功率 → 確率を求める
ポアソン分布	POISSON ()	成功数・平均 → 確率を求める

標準正規分布(上側確率)

Z	0	0.01	0.02	0.03	0.04	0.05	0.06	0.07	0.08	0.09
0.0	.50000	.49601	.49202	.48803	.48405	.48006	.47608	.47210	.46812	.46414
0.1	.46017	.45620	.45224	.44828	.44433	.44038	.43644	.43251	.42858	.42465
0.2	.42074	.41683	.41294	.40905	.40517	.40129	.39743	.39358	.38974	.38591
0.3	.38209	.37828	.37448	.37070	.36693	.36317	.35942	.35569	.35197	.34827
0.4	.34458	.34090	.33724	.33360	.32997	.32636	.32276	.31918	.31561	.31207
0.5	.30854	.30503	.30153	.29806	.29460	.29116	.28774	.28434	.28096	.27760
0.6	.27425	.27093	.26763	.26435	.26109	.25785	.25463	.25143	.24825	.24510
0.7	.24196	.23885	.23576	.23270	.22965	.22663	.22363	.22065	.21770	.21476
0.8	.21186	.20897	.20611	.20327	.20045	.19766	.19489	.19215	.18943	.18673
0.9	.18406	.18141	.17879	.17619	.17361	.17106	.16853	.16602	.16354	.16109
1.0	.15866	.15625	.15386	.15151	.14917	.14686	.14457	.14231	.14007	.13786
1.1	.13567	.13350	.13136	.12924	.12714	.12507	.12302	.12100	.11900	.11702
1.2	.11507	.11314	.11123	.10935	.10749	.10565	.10383	.10204	.10027	.09853
1.3	.09680	.09510	.09342	.09176	.09012	.08851	.08691	.08534	.08379	.08226
1.4	.08076	.07927	.07780	.07636	.07493	.07353	.07215	.07078	.06944	.06811
1.5	.06681	.06552	.06426	.06301	.06178	.06057	.05938	.05821	.05705	.05592
1.6	.05480	.05370	.05262	.05155	.05050	.04947	.04846	.04746	.04648	.04551
1.7	.04457	.04363	.04272	.04182	.04093	.04006	.03920	.03836	.03754	.03673
1.8	.03593	.03515	.03438	.03362	.03288	.03216	.03144	.03074	.03005	.02938
1.9	.02872	.02807	.02743	.02680	.02619	.02559	.02500	.02442	.02385	.02330
2.0	.02275	.02222	.02169	.02118	.02068	.02018	.01970	.01923	.01876	.01831
2.1	.01786	.01743	.01700	.01659	.01618	.01578	.01539	.01500	.01463	.01426
2.2	.01390	.01355	.01321	.01287	.01255	.01222	.01191	.01160	.01130	.01101
2.3	.01072	.01044	.01017	.00990	.00964	.00939	.00914	.00889	.00866	.00842
2.4	.00820	.00798	.00776	.00755	.00734	.00714	.00695	.00676	.00657	.00639
2.5	.00621	.00604	.00587	.00570	.00554	.00539	.00523	.00508	.00494	.00480
2.6	.00466	.00453	.00440	.00427	.00415	.00402	.00391	.00379	.00368	.00357
2.7	.00347	.00336	.00326	.00317	.00307	.00298	.00289	.00280	.00272	.00264
2.8	.00256	.00248	.00240	.00233	.00226	.00219	.00212	.00205	.00199	.00193
2.9	.00187	.00181	.00175	.00169	.00164	.00159	.00154	.00149	.00144	.00139
3.0	.00135	.00131	.00126	.00122	.00118	.00114	.00111	.00107	.00104	.00100

t 分布 (パーセント点)

上側確率 α 自由度 k	0.1	0.05	0.025	0.02	0.01	0.001
1	3.078	6.314	12.706	15.895	31.821	318.309
2	1.886	2.920	4.303	4.849	6.965	22.327
3	1.638	2.353	3.182	3.482	4.541	10.215
4	1.533	2.132	2.776	2.999	3.747	7.173
5	1.476	2.015	2.571	2.757	3.365	5.893
6	1.440	1.943	2.447	2.612	3.143	5.208
7	1.415	1.895	2.365	2.517	2.998	4.785
8	1.397	1.860	2.306	2.449	2.896	4.501
9	1.383	1.833	2.262	2.398	2.821	4.297
10	1.372	1.812	2.228	2.359	2.764	4.144
11	1.363	1.796	2.201	2.328	2.718	4.025
12	1.356	1.782	2.179	2.303	2.681	3.930
13	1.350	1.771	2.160	2.282	2.650	3.852
14	1.345	1.761	2.145	2.264	2.624	3.787
15	1.341	1.753	2.131	2.249	2.602	3.733
16	1.337	1.746	2.120	2.235	2.583	3.686
17	1.333	1.740	2.110	2.224	2.567	3.646
18	1.330	1.734	2.101	2.214	2.552	3.610
19	1.328	1.729	2.093	2.205	2.539	3.579
20	1.325	1.725	2.086	2.197	2.528	3.552
21	1.323	1.721	2.080	2.189	2.518	3.527
22	1.321	1.717	2.074	2.183	2.508	3.505
23	1.319	1.714	2.069	2.177	2.500	3.485
24	1.318	1.711	2.064	2.172	2.492	3.467
25	1.316	1.708	2.060	2.167	2.485	3.450
26	1.315	1.706	2.056	2.162	2.479	3.435
27	1.314	1.703	2.052	2.158	2.473	3.421
28	1.313	1.701	2.048	2.154	2.467	3.408
29	1.311	1.699	2.045	2.150	2.462	3.396
30	1.310	1.697	2.042	2.147	2.457	3.385

χ^2 分布 (パーセント点)

上側確率 α \ 自由度 k	0.995	0.990	0.975	0.050	0.025	0.010	0.005
1	3.9270×10^{-5}	1.5709×10^{-4}	9.8207×10^{-4}	3.8415	5.0239	6.6349	7.8794
2	0.0100	0.0201	0.0506	5.9915	7.3778	9.2103	10.5966
3	0.0717	0.1148	0.2158	7.8147	9.3484	11.3449	12.8382
4	0.2070	0.2971	0.4844	9.4877	11.1433	13.2767	14.8603
5	0.4117	0.5543	0.8312	11.0705	12.8325	15.0863	16.7496
6	0.6757	0.8721	1.2373	12.5916	14.4494	16.8119	18.5476
7	0.9893	1.2390	1.6899	14.0671	16.0128	18.4753	20.2777
8	1.3444	1.6465	2.1797	15.5073	17.5345	20.0902	21.9550
9	1.7349	2.0879	2.7004	16.9190	19.0228	21.6660	23.5894
10	2.1559	2.5582	3.2470	18.3070	20.4832	23.2093	25.1882
11	2.6032	3.0535	3.8157	19.6751	21.9200	24.7250	26.7568
12	3.0738	3.5706	4.4038	21.0261	23.3367	26.2170	28.2995
13	3.5650	4.1069	5.0088	22.3620	24.7356	27.6882	29.8195
14	4.0747	4.6604	5.6287	23.6848	26.1189	29.1412	31.3193
15	4.6009	5.2293	6.2621	24.9958	27.4884	30.5779	32.8013
16	5.1422	5.8122	6.9077	26.2962	28.8454	31.9999	34.2672
17	5.6972	6.4078	7.5642	27.5871	30.1910	33.4087	35.7185
18	6.2648	7.0149	8.2307	28.8693	31.5264	34.8053	37.1565
19	6.8440	7.6327	8.9065	30.1435	32.8523	36.1909	38.5823
20	7.4338	8.2604	9.5908	31.4104	34.1696	37.5662	39.9968
21	8.0337	8.8972	10.2829	32.6706	35.4789	38.9322	41.4011
22	8.6427	9.5425	10.9823	33.9244	36.7807	40.2894	42.7957
23	9.2604	10.1957	11.6886	35.1725	38.0756	41.6384	44.1813
24	9.8862	10.8564	12.4012	36.4150	39.3641	42.9798	45.5585
25	10.5197	11.5240	13.1197	37.6525	40.6465	44.3141	46.9279
26	11.1602	12.1981	13.8439	38.8851	41.9232	45.6417	48.2899
27	11.8076	12.8785	14.5734	40.1133	43.1945	46.9629	49.6449
28	12.4613	13.5647	15.3079	41.3371	44.4608	48.2782	50.9934
29	13.1211	14.2565	16.0471	42.5570	45.7223	49.5879	52.3356
30	13.7867	14.9535	16.7908	43.7730	46.9792	50.8922	53.6720

F 分布その 1 (パーセント点, $\alpha = 0.025$)

自由度 l \ 自由度 k	1	2	3	4	5	6	7	8	9	10
1	647.7890	799.5000	864.1630	899.5833	921.8479	937.1111	948.2169	956.6562	963.2846	968.6274
2	38.5063	39.0000	39.1655	39.2484	39.2982	39.3315	39.3552	39.3730	39.3869	39.3980
3	17.4434	16.0441	15.4392	15.1010	14.8848	14.7347	14.6244	14.5399	14.4731	14.4189
4	12.2179	10.6491	9.9792	9.6045	9.3645	9.1973	9.0741	8.9796	8.9047	8.8439
5	10.0070	8.4336	7.7636	7.3879	7.1464	6.9777	6.8531	6.7572	6.6811	6.6192
6	8.8131	7.2599	6.5988	6.2272	5.9876	5.8198	5.6955	5.5996	5.5234	5.4613
7	8.0727	6.5415	5.8898	5.5226	5.2852	5.1186	4.9949	4.8993	4.8232	4.7611
8	7.5709	6.0595	5.4160	5.0526	4.8173	4.6517	4.5286	4.4333	4.3572	4.2951
9	7.2093	5.7147	5.0781	4.7181	4.4844	4.3197	4.1970	4.1020	4.0260	3.9639
10	6.9367	5.4564	4.8256	4.4683	4.2361	4.0721	3.9498	3.8549	3.7790	3.7168
11	6.7241	5.2559	4.6300	4.2751	4.0440	3.8807	3.7586	3.6638	3.5879	3.5257
12	6.5538	5.0959	4.4742	4.1212	3.8911	3.7283	3.6065	3.5118	3.4358	3.3736
13	6.4143	4.9653	4.3472	3.9959	3.7667	3.6043	3.4827	3.3880	3.3120	3.2497
14	6.2979	4.8567	4.2417	3.8919	3.6634	3.5014	3.3799	3.2853	3.2093	3.1469
15	6.1995	4.7650	4.1528	3.8043	3.5764	3.4147	3.2934	3.1987	3.1227	3.0602
16	6.1151	4.6867	4.0768	3.7294	3.5021	3.3406	3.2194	3.1248	3.0488	2.9862
17	6.0420	4.6189	4.0112	3.6648	3.4379	3.2767	3.1556	3.0610	2.9849	2.9222
18	5.9781	4.5597	3.9539	3.6083	3.3820	3.2209	3.0999	3.0053	2.9291	2.8664
19	5.9216	4.5075	3.9034	3.5587	3.3327	3.1718	3.0509	2.9563	2.8801	2.8172
20	5.8715	4.4613	3.8587	3.5147	3.2891	3.1283	3.0074	2.9128	2.8365	2.7737
21	5.8266	4.4199	3.8188	3.4754	3.2501	3.0895	2.9686	2.8740	2.7977	2.7348
22	5.7863	4.3828	3.7829	3.4401	3.2151	3.0546	2.9338	2.8392	2.7628	2.6998
23	5.7498	4.3492	3.7505	3.4083	3.1835	3.0232	2.9023	2.8077	2.7313	2.6682
24	5.7166	4.3187	3.7211	3.3794	3.1548	2.9946	2.8738	2.7791	2.7027	2.6396
25	5.6864	4.2909	3.6943	3.3530	3.1287	2.9685	2.8478	2.7531	2.6766	2.6135
26	5.6586	4.2655	3.6697	3.3289	3.1048	2.9447	2.8240	2.7293	2.6528	2.5896
27	5.6331	4.2421	3.6472	3.3067	3.0828	2.9228	2.8021	2.7074	2.6309	2.5676
28	5.6096	4.2205	3.6264	3.2863	3.0626	2.9027	2.7820	2.6872	2.6106	2.5473
29	5.5878	4.2006	3.6072	3.2674	3.0438	2.8840	2.7633	2.6686	2.5919	2.5286
30	5.5675	4.1821	3.5894	3.2499	3.0265	2.8667	2.7460	2.6513	2.5746	2.5112

付　録　125

自由度 k 自由度 l	11	12	13	14	15	16	17	18	19	20
1	973.0252	976.7079	979.8368	982.5278	984.8668	986.9187	988.7331	990.3490	991.7973	993.1028
2	39.4071	39.4146	39.4210	39.4265	39.4313	39.4354	39.4391	39.4424	39.4453	39.4479
3	14.3742	14.3366	14.3045	14.2768	14.2527	14.2315	14.2127	14.1960	14.1810	14.1674
4	8.7935	8.7512	8.7150	8.6838	8.6565	8.6326	8.6113	8.5924	8.5753	8.5599
5	6.5678	6.5245	6.4876	6.4556	6.4277	6.4032	6.3814	6.3619	6.3444	6.3286
6	5.4098	5.3662	5.3290	5.2968	5.2687	5.2439	5.2218	5.2021	5.1844	5.1684
7	4.7095	4.6658	4.6285	4.5961	4.5678	4.5428	4.5206	4.5008	4.4829	4.4667
8	4.2434	4.1997	4.1622	4.1297	4.1012	4.0761	4.0538	4.0338	4.0158	3.9995
9	3.9121	3.8682	3.8306	3.7980	3.7694	3.7441	3.7216	3.7015	3.6833	3.6669
10	3.6649	3.6209	3.5832	3.5504	3.5217	3.4963	3.4737	3.4534	3.4351	3.4185
11	3.4737	3.4296	3.3917	3.3588	3.3299	3.3044	3.2816	3.2612	3.2428	3.2261
12	3.3215	3.2773	3.2393	3.2062	3.1772	3.1515	3.1286	3.1081	3.0896	3.0728
13	3.1975	3.1532	3.1150	3.0819	3.0527	3.0269	3.0039	2.9832	2.9646	2.9477
14	3.0946	3.0502	3.0119	2.9786	2.9493	2.9234	2.9003	2.8795	2.8607	2.8437
15	3.0078	2.9633	2.9249	2.8915	2.8621	2.8360	2.8128	2.7919	2.7730	2.7559
16	2.9337	2.8890	2.8506	2.8170	2.7875	2.7614	2.7380	2.7170	2.6980	2.6808
17	2.8696	2.8249	2.7863	2.7526	2.7230	2.6968	2.6733	2.6522	2.6331	2.6158
18	2.8137	2.7689	2.7302	2.6964	2.6667	2.6404	2.6168	2.5956	2.5764	2.5590
19	2.7645	2.7196	2.6808	2.6469	2.6171	2.5907	2.5670	2.5457	2.5265	2.5089
20	2.7209	2.6758	2.6369	2.6030	2.5731	2.5465	2.5228	2.5014	2.4821	2.4645
21	2.6819	2.6368	2.5978	2.5638	2.5338	2.5071	2.4833	2.4618	2.4424	2.4247
22	2.6469	2.6017	2.5626	2.5285	2.4984	2.4717	2.4478	2.4262	2.4067	2.3890
23	2.6152	2.5699	2.5308	2.4966	2.4665	2.4396	2.4157	2.3940	2.3745	2.3567
24	2.5865	2.5411	2.5019	2.4677	2.4374	2.4105	2.3865	2.3648	2.3452	2.3273
25	2.5603	2.5149	2.4756	2.4413	2.4110	2.3840	2.3599	2.3381	2.3184	2.3005
26	2.5363	2.4908	2.4515	2.4171	2.3867	2.3597	2.3355	2.3137	2.2939	2.2759
27	2.5143	2.4688	2.4293	2.3949	2.3644	2.3373	2.3131	2.2912	2.2713	2.2533
28	2.4940	2.4484	2.4089	2.3743	2.3438	2.3167	2.2924	2.2704	2.2505	2.2324
29	2.4752	2.4295	2.3900	2.3554	2.3248	2.2976	2.2732	2.2512	2.2313	2.2131
30	2.4577	2.4120	2.3724	2.3378	2.3072	2.2799	2.2554	2.2334	2.2134	2.1952

F 分布その 2 (パーセント点, $\alpha = 0.05$)

自由度 l \ 自由度 k	1	2	3	4	5	6	7	8	9	10
1	161.4476	199.5000	215.7073	224.5832	230.1619	233.9860	236.7684	238.8827	240.5433	241.8817
2	18.5128	19.0000	19.1643	19.2468	19.2964	19.3295	19.3532	19.3710	19.3848	19.3959
3	10.1280	9.5521	9.2766	9.1172	9.0135	8.9406	8.8867	8.8452	8.8123	8.7855
4	7.7086	6.9443	6.5914	6.3882	6.2561	6.1631	6.0942	6.0410	5.9988	5.9644
5	6.6079	5.7861	5.4095	5.1922	5.0503	4.9503	4.8759	4.8183	4.7725	4.7351
6	5.9874	5.1433	4.7571	4.5337	4.3874	4.2839	4.2067	4.1468	4.0990	4.0600
7	5.5914	4.7374	4.3468	4.1203	3.9715	3.8660	3.7870	3.7257	3.6767	3.6365
8	5.3177	4.4590	4.0662	3.8379	3.6875	3.5806	3.5005	3.4381	3.3881	3.3472
9	5.1174	4.2565	3.8625	3.6331	3.4817	3.3738	3.2927	3.2296	3.1789	3.1373
10	4.9646	4.1028	3.7083	3.4780	3.3258	3.2172	3.1355	3.0717	3.0204	2.9782
11	4.8443	3.9823	3.5874	3.3567	3.2039	3.0946	3.0123	2.9480	2.8962	2.8536
12	4.7472	3.8853	3.4903	3.2592	3.1059	2.9961	2.9134	2.8486	2.7964	2.7534
13	4.6672	3.8056	3.4105	3.1791	3.0254	2.9153	2.8321	2.7669	2.7144	2.6710
14	4.6001	3.7389	3.3439	3.1122	2.9582	2.8477	2.7642	2.6987	2.6458	2.6022
15	4.5431	3.6823	3.2874	3.0556	2.9013	2.7905	2.7066	2.6408	2.5876	2.5437
16	4.4940	3.6337	3.2389	3.0069	2.8524	2.7413	2.6572	2.5911	2.5377	2.4935
17	4.4513	3.5915	3.1968	2.9647	2.8100	2.6987	2.6143	2.5480	2.4943	2.4499
18	4.4139	3.5546	3.1599	2.9277	2.7729	2.6613	2.5767	2.5102	2.4563	2.4117
19	4.3807	3.5219	3.1274	2.8951	2.7401	2.6283	2.5435	2.4768	2.4227	2.3779
20	4.3512	3.4928	3.0984	2.8661	2.7109	2.5990	2.5140	2.4471	2.3928	2.3479
21	4.3248	3.4668	3.0725	2.8401	2.6848	2.5727	2.4876	2.4205	2.3660	2.3210
22	4.3009	3.4434	3.0491	2.8167	2.6613	2.5491	2.4638	2.3965	2.3419	2.2967
23	4.2793	3.4221	3.0280	2.7955	2.6400	2.5277	2.4422	2.3748	2.3201	2.2747
24	4.2597	3.4028	3.0088	2.7763	2.6207	2.5082	2.4226	2.3551	2.3002	2.2547
25	4.2417	3.3852	2.9912	2.7587	2.6030	2.4904	2.4047	2.3371	2.2821	2.2365
26	4.2252	3.3690	2.9752	2.7426	2.5868	2.4741	2.3883	2.3205	2.2655	2.2197
27	4.2100	3.3541	2.9604	2.7278	2.5719	2.4591	2.3732	2.3053	2.2501	2.2043
28	4.1960	3.3404	2.9467	2.7141	2.5581	2.4453	2.3593	2.2913	2.2360	2.1900
29	4.1830	3.3277	2.9340	2.7014	2.5454	2.4324	2.3463	2.2783	2.2229	2.1768
30	4.1709	3.3158	2.9223	2.6896	2.5336	2.4205	2.3343	2.2662	2.2107	2.1646

付　録　127

自由度 l \ 自由度 k	11	12	13	14	15	16	17	18	19	20
1	242.9835	243.9060	244.6898	245.3640	245.9499	246.4639	246.9184	247.3232	247.6861	248.0131
2	19.4050	19.4125	19.4189	19.4244	19.4291	19.4333	19.4370	19.4402	19.4431	19.4458
3	8.7633	8.7446	8.7287	8.7149	8.7029	8.6923	8.6829	8.6745	8.6670	8.6602
4	5.9358	5.9117	5.8911	5.8733	5.8578	5.8441	5.8320	5.8211	5.8114	5.8025
5	4.7040	4.6777	4.6552	4.6358	4.6188	4.6038	4.5904	4.5785	4.5678	4.5581
6	4.0274	3.9999	3.9764	3.9559	3.9381	3.9223	3.9083	3.8957	3.8844	3.8742
7	3.6030	3.5747	3.5503	3.5292	3.5107	3.4944	3.4799	3.4669	3.4551	3.4445
8	3.3130	3.2839	3.2590	3.2374	3.2184	3.2016	3.1867	3.1733	3.1613	3.1503
9	3.1025	3.0729	3.0475	3.0255	3.0061	2.9890	2.9737	2.9600	2.9477	2.9365
10	2.9430	2.9130	2.8872	2.8647	2.8450	2.8276	2.8120	2.7980	2.7854	2.7740
11	2.8179	2.7876	2.7614	2.7386	2.7186	2.7009	2.6851	2.6709	2.6581	2.6464
12	2.7173	2.6866	2.6602	2.6371	2.6169	2.5989	2.5828	2.5684	2.5554	2.5436
13	2.6347	2.6037	2.5769	2.5536	2.5331	2.5149	2.4987	2.4841	2.4709	2.4589
14	2.5655	2.5342	2.5073	2.4837	2.4630	2.4446	2.4282	2.4134	2.4000	2.3879
15	2.5068	2.4753	2.4481	2.4244	2.4034	2.3849	2.3683	2.3533	2.3398	2.3275
16	2.4564	2.4247	2.3973	2.3733	2.3522	2.3335	2.3167	2.3016	2.2880	2.2756
17	2.4126	2.3807	2.3531	2.3290	2.3077	2.2888	2.2719	2.2567	2.2429	2.2304
18	2.3742	2.3421	2.3143	2.2900	2.2686	2.2496	2.2325	2.2172	2.2033	2.1906
19	2.3402	2.3080	2.2800	2.2556	2.2341	2.2149	2.1977	2.1823	2.1683	2.1555
20	2.3100	2.2776	2.2495	2.2250	2.2033	2.1840	2.1667	2.1511	2.1370	2.1242
21	2.2829	2.2504	2.2222	2.1975	2.1757	2.1563	2.1389	2.1232	2.1090	2.0960
22	2.2585	2.2258	2.1975	2.1727	2.1508	2.1313	2.1138	2.0980	2.0837	2.0707
23	2.2364	2.2036	2.1752	2.1502	2.1282	2.1086	2.0910	2.0751	2.0608	2.0476
24	2.2163	2.1834	2.1548	2.1298	2.1077	2.0880	2.0703	2.0543	2.0399	2.0267
25	2.1979	2.1649	2.1362	2.1111	2.0889	2.0691	2.0513	2.0353	2.0207	2.0075
26	2.1811	2.1479	2.1192	2.0939	2.0716	2.0518	2.0339	2.0178	2.0032	1.9898
27	2.1655	2.1323	2.1035	2.0781	2.0558	2.0358	2.0179	2.0017	1.9870	1.9736
28	2.1512	2.1179	2.0889	2.0635	2.0411	2.0210	2.0030	1.9868	1.9720	1.9586
29	2.1379	2.1045	2.0755	2.0500	2.0275	2.0073	1.9893	1.9730	1.9581	1.9446
30	2.1256	2.0921	2.0630	2.0374	2.0148	1.9946	1.9765	1.9601	1.9452	1.9317

問 題 解 答

1章

1.1節

1)〜4) 省略

1.2節

1) 中央値 72.5, 平均値 70.8.

中央値：順に並べると，38, 51, 59, 59, 61, 62, 63, 65, 68, 71, 74, 74, 76, 76, 76, 85, 85, 86, 89, 98 であることから，中央値は $(71+74) \div 2 = 72.5$ となります．

平均値：$(76 + 74 + \cdots + 71 + 89) \div 20 = 70.8$

2) 中央値 436, 平均値 423.08.

中央値：順に並べると，326, 367, 371, 402, 427, 430, 436, 440, 446, 446, 451, 465, 493 であることから中央値は 436 となります．

平均値：$(367 + 371 + \cdots + 326 + 493) \div 13 = 423.08$

1.3節

1) 分散 191.46, 標準偏差 13.837.

1.2.1 より，平均値は 70.8 です．

分散：$\{(76-70.8)^2+(74-70.8)^2+\cdots+(71-70.8)^2+(89-70.8)^2\} \div 20 = 191.46$.

標準偏差：$\sqrt{191.46} = 13.837$

2) 分散 131, 標準偏差 11.446.

平均値を求めると，$(55 \times 3 + 65 \times 6 + 75 \times 7 + 85 \times 2 + 95 \times 2) \div 20 = 72$ となります．

分散：$\{(55-72)^2 \times 3 + (65-72)^2 \times 6 + (75-72)^2 \times 7 + (85-72)^2 \times$

$2 + (95 - 72)^2 \times 2\} \div 20 = 131.$

標準偏差：$\sqrt{131} = 11.446.$

2章

2.1 節

1)〜3) 省略

2.2 節

1) 散布図省略．共分散 9.963，相関係数 0.6621．

x (身長) の平均値：$(171.2 + 170.5 + \cdots + 174.8 + 171.5) \div 20 = 173.04$.

y (体重) の平均値：$(60.7 + 70.8 + \cdots + 66.7 + 64.8) \div 20 = 64.99$.

xy の共分散：$\{(171.2 - 173.04)^2 \times (60.7 - 64.99)^2 + (170.5 - 173.04)^2 \times (70.8 - 64.99)^2 + \cdots + (174.8 - 173.04)^2 \times (66.7 - 64.99)^2 + (171.5 - 173.04)^2 \times (64.8 - 64.99)^2\} \div 20 = 9.963.$

x の標準偏差：$\sqrt{\{(171.2 - 173.04)^2 + \cdots + (171.5 - 173.04)^2\} \div 20} = 3.267$.

y の標準偏差：$\sqrt{\{(60.7 - 64.99)^2 + \cdots + (64.8 - 64.99)^2\} \div 20} = 4.606$.

xy の相関係数：$9.963 \div (3.267 \times 4.606) = 0.6621$.

2) 散布図省略，共分散 -3396.05，相関係数 -0.3110．

x (米) の平均値：$(2,432 + 2,437 + \cdots + 1,961 + 1,846) \div 8 = 2,108$.

y (パン) の平均値：$(1,884 + 1,925 + \cdots + 1,989 + 1,950) \div 8 = 1,909$.

xy の共分散：$\{(2,432 - 2,108)^2 \times (1,884 - 1,909)^2 + (2,437 - 2,108)^2 \times (1,925 - 1,909)^2 \cdots + (1,961 - 2,108)^2 \times (1,989 - 1,909)^2 + (1,846 - 2,108)^2 \times (1,950 - 1,909)^2\} \div 8 = -3396.05.$

x の標準偏差：$\sqrt{\{(2,432 - 2,108)^2 + \cdots + (1,846 - 2,108)^2\} \div 8} = 205.0764$.

y の標準偏差：$\sqrt{\{(1,884 - 1,909)^2 + \cdots + (1,950 - 1,909)^2\} \div 8} = 53.2493$.

xy の相関係数：$-3396.05 \div (205.0764 \times 53.2493) = -0.3110$.

2.3 節

1) $y = -5.271 + 0.59936x$.

x の平均値：$(16.2 + 18.7 + \cdots + 24.4 + 19.2) \div 10 = 23.31$.

y の平均値：$(3.5 + 5.6 + \cdots + 8.1 + 9.5) \div 10 = 8.7$.

傾き b について：$\{(16.2 \times 3.5 + 18.7 \times 5.6 + \cdots + 24.4 \times 8 + 19.2 \times 9.5) - 10 \times 23.31 \times 8.7\} \div \{(16.2^2 + 18.7^2 + \cdots + 24.4^2 + 19.2^2) - 10 \times 23.31^2\} = 0.59936$.

切片 a について：$8.7 - (0.59936 \times 23.31) = -5.271$

2) $y = -6565 + 0.057578x$.

x の平均値：$(451,683.0 + 473,607.6 + \cdots + 492,068.0 + 474,040.2) \div 20 = 493,988.11$.

y の平均値：$(19,657.4 + 20,221 + \cdots + 21,853 + 20,893) \div 20 = 21,878$.

傾き b について：$\{(451,683 \times 19,657.4 + 473,607.6 \times 20,221 + \cdots + 492,068.0 \times 21,853 + 474,040.2 \times 20,893) - 20 \times 493,988.11 \times 21,878\} \div \{(492,068.0^2 + 473,607.6^2 + \cdots + 492,067.0^2 + 474,040.2^2) - 20 \times 493,988.11^2\} = 0.057578$.

切片 a について：$21,878 - (0.057578 \times 493,988.11) = -6565$.

3章

3.1 節

1)　① ×．相対度数の総和は 1 となります．

　　② ○

　　③ ×．連続型の場合の確率は面積であらわされます．

3.2 節

1) 左・中の標準偏差は同じで，右の標準偏差はそれよりも大きくなっています．中・右の平均は 0 です．したがって左から③①②となります．

2)　① $(175 - 172) \div 6 = 0.5$.

　　② $(148 - 156) \div 5 = -1.6$.

3)　① 標準正規分布表より読み取ると $1 - 0.025 = 0.975$ となっています．

　　② 標準正規分布表より読み取ると 1.64 となっています．

　　③ 標準化を行うと，175 は 0.5 となります．$Z = 0.5$ の上側確率は 0.3085 です．

$$1 - 0.3085 = 0.6915.$$

　　④ 標準化を行うと，172 は 0 となります．$Z = 0$ の上側確率は 0.5 です．

4) $10 \times (72 - 67) \div 12.6 + 50 = 53.97$.
5) $(70 - 50) \div 10 = 2$ です．$Z \geq 2.0$ となる確率を標準正規分布表から読み取ります．2.275%内となります．

3.3 節

1) $3 \times 0.3 = 0.9$ (回)．
2) ${}_3C_2 \cdot 0.3^2 \cdot (1 - 0.3)^{3-2} = 0.189$.
3) $1000 \times 0.001 = 1$ (個)．

4 章

4.1 節

1) ① ×．標本を抽出する際は無作為抽出を行います．
   ② ×．標本平均の分布の平均が母平均となります．
   ③ ×．標本平均の分布の分散は母分散/標本数となります．

4.2 節

1) 母平均の推定値 70.8，母分散の推定値 201.537．
   母平均の推定値：$(76 + 74 + \cdots + 71 + 89) \div 20 = 70.8$．
   母分散の推定値：$\{(76 - 70.8)^2 + (74 - 70.8)^2 + \cdots + (71 - 70.8)^2 + (89 - 70.8)^2\} \div (20 - 1) = 201.537$．
2) 母平均の推定値 35.35，母分散の推定値 0.608．
   母平均の推定：$(35.6 + 35.2 + \cdots + 35.3 + 35.4) \div 20 = 35.35$．
   母分散の推定：$\{(35.6 - 35.35)^2 + (35.2 - 35.35)^2 + \cdots + (35.3 - 35.35)^2 + (35.4 - 35.35)^2\} \div (20 - 1) = 0.608$．

4.3 節

1) $Z = 1.64$．
2) $Z = 2.58$．

4.4 節

1) ① 平均 87，分散 $5/\sqrt{20}$ の正規分布．
   ② 自由度 6 の t 分布．
   ③ 平均 $0.25 \times 200 = 50$，分散 $200 \times 0.25 \times (1 - 0.25)/\sqrt{200} = 2.652$ の正規分布．

2) 標準正規分布を用います．$(-1.96 \times \sqrt{32.1})/\sqrt{20} \leq 172.6 - \mu \leq (1.96 \times \sqrt{32.1})/\sqrt{20}$ より
$$170.1 \leq \mu \leq 175.1.$$

3) 自由度 19 の t 分布を用います．$(-2.093 \times \sqrt{75.3})/\sqrt{20} \leq 65.8 - \mu \leq (2.093 \times \sqrt{75.3})/\sqrt{20}$ より
$$61.7 \leq \mu \leq 69.9.$$

4) 自由度 17 の t 分布を用います．$(-2.110 \times \sqrt{0.3})/\sqrt{18} \leq 36.8 - \mu \leq (2.110 \times \sqrt{0.3})/\sqrt{18}$ より
$$36.5 \leq \mu \leq 37.1.$$

5) 自由度 18 の t 分布を用います．$(-2.101 \times \sqrt{5.6})/\sqrt{19} \leq 13.5 - \mu \leq (2.101 \times \sqrt{5.6})/\sqrt{19}$ より
$$12.4 \leq \mu \leq 14.6.$$

4.5 節

1) $19 \times 45 \div 32.8523 \leq \sigma^2 \leq 19 \times 45 \div 8.9065$ より
$$26.0256 \leq \sigma^2 \leq 95.9973.$$

2) $23 \times 6 \div 38.0756 \leq \sigma^2 \leq 23 \times 6 \div 11.6886$ より
$$3.6244 \leq \sigma^2 \leq 11.8064.$$

3) $25 \times 2.4 \div 40.6465 \leq \sigma^2 \leq 25 \times 2.4 \div 13.1197$ より
$$1.4761 \leq \sigma^2 \leq 4.5733.$$

4.6 節

1) $-1.96\sqrt{\frac{35}{50} + \frac{25}{45}} + (256 - 136) \leq \mu_1 - \mu_2 \leq -1.96\sqrt{\frac{35}{50} + \frac{25}{45}} + (256 - 136)$ より
$$118 \leq \mu_1 - \mu_2 \leq 122.$$

2) 自由度 $(20, 18)$ 2.5590，自由度 $(18, 20)$ $1 \div 2.5014 = 0.3998$，$(72 \div 81 \div 2.5990) \leq \sigma_1^2/\sigma_2^2 \leq (72 \div 81 \div 0.3998)$ より
$$0.3420 \leq \sigma_1^2/\sigma_2^2 \leq 2.2233.$$

3) 自由度 $(16, 19)$ 2.5907，自由度 $(19, 16)$ $1 \div 2.6980 = 0.3706$，$(156 \div 136 \div 2.5907) \leq \sigma_1^2/\sigma_2^2 \leq (156 \div 136 \div 0.3706)$ より
$$0.4428 \leq \sigma_1^2/\sigma_2^2 \leq 3.0951.$$

4) $0.608 - 1.96\sqrt{(0.608(1-0.608))/200} \leq p \leq 0.608 + 1.96\sqrt{(0.608(1-0.608))/200}$ より
$$0.540 \leq p \leq 0.676.$$

5) $0.785 - 1.96\sqrt{(0.785(1-0.785))/96} \leq p \leq 0.785 + 1.96\sqrt{(0.785(1-0.785))/96}$ より
$$0.703 \leq p \leq 0.867.$$

5 章

5.1 節

1) ① ○
   ② ×．帰無仮説が成り立つとして統計量を調べます．
   ③ ○

5.2 節

1) 標準正規分布を用います．$\bar{X} < -1.96 \times 5/\sqrt{10} + 168$ または $1.96 \times 5/\sqrt{10} + 168 < \bar{X}$ より，$\bar{X} < 164.901$ または $171.099 < \bar{X}$ であれば帰無仮説を棄却します．棄却できず，変化があるといえません．

2) 標準正規分布を用います．$\bar{X} < -1.96 \times 4/\sqrt{30} + 16.8$ または $1.96 \times 4/\sqrt{30} + 16.8 < \bar{X}$ より，$\bar{X} < 15.369$ または $18.231 < \bar{X}$ であれば棄却します．不備が生じたといえます．

3) 自由度 24 の t 分布を用います．$\bar{X} < -2.064 \times \sqrt{308}/\sqrt{25} + 2018$ または $\bar{X} > 2.064 \times \sqrt{308}/\sqrt{25} + 2018$ より，$\bar{X} < 2010.755$ または $2025.244 < \bar{X}$ であれば棄却します．変化したとはいえません．

4) 自由度 19 の t 分布を用います．$\bar{X} < -2.093 \times \sqrt{24}/\sqrt{20} + 55$ または $\bar{X} > 2.093 \times \sqrt{24}/\sqrt{20} + 55$ より，$\bar{X} < 52.707$ または $57.293 < \bar{X}$ であれば棄却します．変化したといえます．

5.3 節

1) 標準正規分布を用います．$\bar{X} > 1.64 \times \sqrt{12.1}/\sqrt{40} + 168$ より，$\bar{X} > 168.902$ であれば棄却します．高くなったとはいえません．
2) 標準正規分布を用います．$\bar{X} > 1.64 \times 8500/\sqrt{30} + 150000$ より，$\bar{X} > 152545$ であれば棄却します．効果があったといえます．
3) 自由度 17 の t 分布を用います．$\bar{X} < -1.740 \times \sqrt{0.56}/\sqrt{18} + 1.5$ より，$\bar{X} < 1.193$ であれば棄却します．短縮されたとはいえません．
4) 自由度 19 の t 分布を用います．$\bar{X} > 1.729 \times \sqrt{225}/\sqrt{20} + 1050$ より，$\bar{X} > 1055.800$ であれば棄却します．寿命が延びたといえます．
5) 自由度 24 の t 分布を用います．$\bar{X} < -1.711 \times \sqrt{25}/\sqrt{25} + 126$ より，$\bar{X} > 124.289$ であれば棄却します．減少したといえます．

5.4 節

1) 自由度 18 の t 分布を用います．$\bar{X} - \bar{Y} < -2.101\sqrt{\left(\frac{s^2}{10}\right) + \left(\frac{s^2}{10}\right)}$ または $2.101\sqrt{\left(\frac{s^2}{10}\right) + \left(\frac{s^2}{10}\right)} < \bar{X} - \bar{Y}$ ただし $s^2 = \frac{(10-1) \times 25 + (10-1) \times 24}{10+10-2}$ より，$\bar{X} - \bar{Y} < -4.651$ または $4.651 < \bar{X} - \bar{Y}$ であれば棄却します．差があるとはいえません．
2) χ^2 分布を用います．$(30-1)\frac{s^2}{20} > 42.5570$ より，$s^2 > 42.5570 \times 20 \div 29 = 29.3497$ であれば棄却します．工場長の主張を否定できません．
3) F 分布を用います．自由度 $(17, 19)$ 2.5670, 自由度 $(19, 17)$ $1 \div 2.6331 = 0.3798$, $\frac{s_a^2/s_b^2}{\sigma_a^2/\sigma_b^2} < 0.3798$ または $\frac{s_a^2/s_b^2}{\sigma_a^2/\sigma_b^2} > 2.5670$ なら棄却します．$6.3 \div 16.8 = 0.375$ より，異なっているといえます．
4) 標準正規分布を用います．$1.64 < \frac{\bar{X} - 0.2}{\sqrt{(0.2 \times (1-0.2))/150}}$ すなわち $\bar{X} > 0.254$ なら棄却します．$32 \div 150 = 0.213$ より，20%以上であるとはいえません．
5) 標準正規分布を用います．$\frac{\bar{X} - 0.03}{\sqrt{(0.03 \times (1-0.03))/200}} < -1.64$ すなわち $\bar{X} < 0.010$ なら棄却します．$5 \div 200 = 0.025$ より，3%未満であるとはいえません．

6 章

6.1 節

1) $\chi^2 = (24 - 200 \times 0.15)^2/(200 \times 0.15) + (61 - 200 \times 0.35)^2/(200 \times 0.35) + (115 - 200 \times 0.5)^2/(200 \times 0.5) = 4.6071$．自由度 $3 - 1 = 2$ の χ^2 分布より，$\chi^2 > 5.9915$ なら棄却します．適合しているといえます．

2) $\chi^2 = 14.2571$. 自由度 $(3-1) \times (3-1) = 4$ の χ^2 分布より, $\chi^2 > 9.4877$ なら棄却します. 適合しているといえません. 関係があるといえます.

6.2 節

1) $F = 29.5043 \div 2.8717 = 10.274$. 自由度 $(3-1, 3 \times (7-1)) = (2, 18)$ の F 分布より, $F > 3.5546$ なら棄却します. 差があるといえます.

2) $F = 4.1833 \div 42.0485 = 0.0995$. 自由度 $(4-1, 4 \times (6-1)) = (3, 20)$ の F 分布より, $F > 3.0984$ なら棄却します. 差があるとはいえません.

索　引

欧数字

1次元データ　4
2次元データ　4

χ^2 分布　74

F 分布　80

t 分布　68

あ　行

一致性　56

上側確率　43

か　行

回帰　29
回帰係数　29
回帰直線　29
階級　5
階級値　5
カイ二乗分布　74
確率　38
確率分布　38
確率変数　38
確率密度関数　39
仮説検定　87
片側検定　95
観測度数　109

棄却域　89
記述統計学　3
期待度数　109
帰無仮説　88
共分散　26

区間推定　60

決定係数　34

さ　行

最小二乗法　31
最頻値　11
残差　30
残差平方和　30
散布図　22

質的データ　4
重回帰分析　34
従属変数　29
自由度　58
信頼区間　60
信頼係数　60

推測統計学　3
推定量　55

正規分布　40
正の相関　23
説明変数　29

相関　22

相関係数　27
相対度数　37

た 行

第一種の過誤　95
第二種の過誤　95
対立仮説　88
多次元データ　4
単回帰分析　34

中央値　11

適合度の検定　110
点推定　55

統計量　53
独立性の検定　112
独立変数　29
度数　5
度数分布表　5

な 行

二項分布　47

は 行

ヒストグラム　6
被説明変数　29
標準化　44
標準誤差　59
標準正規分布　43
標準正規分布表　43
標準偏差　17
標本　51

標本分布　53

負の相関　23
不偏性　56
不偏分散　57
分散　17
分散分析　114
分布　8

平均値　12
偏差　16
偏差値　45
偏差平方和　17
変動　17

ポアソン分布　48
母集団　51
母集団分布　52
母比率　84

ま 行

無作為抽出　52
無相関　23

や 行

有意水準　89
有効性　57

ら 行

両側検定　95
量的データ　3

レンジ　15

著者略歴

高橋　麻奈（たかはし　まな）

1971年　東京都に生まれる
1995年　東京大学経済学部卒業
主　著　『やさしいJava』『やさしいC』『やさしいPHP』
　　　　『やさしい基本情報技術者講座』（ソフトバンク クリエイティブ），
　　　　『入門テクニカルライティング』（朝倉書店）

ここからはじめる
統計学の教科書

定価はカバーに表示

2012年 5月15日　初版第1刷
2021年 1月25日　　　第9刷

　　著　者　高　橋　麻　奈
　　発行者　朝　倉　誠　造
　　発行所　株式会社　朝　倉　書　店
　　　　　　東京都新宿区新小川町 6-29
　　　　　　郵便番号　162-8707
　　　　　　電　話　03(3260)0141
　　　　　　FAX　03(3260)0180
　　　　　　http://www.asakura.co.jp

〈検印省略〉

© 2012〈無断複写・転載を禁ず〉　　　　Printed in Korea

ISBN 978-4-254-12190-2　C 3041

JCOPY　＜(社)出版者著作権管理機構 委託出版物＞

本書の無断複写は著作権法上での例外を除き禁じられています．複写される場合は，そのつど事前に，(社)出版者著作権管理機構（電話 03-3513-6969，FAX 03-3513-6979，e-mail: info@jcopy.or.jp）の許諾を得てください．

高橋麻奈著
入門テクニカルライティング
10195-9 C3040　　　　　　A5判 176頁 本体2600円

「理科系」の文章はどう書けばいいのか？ベストセラー・ライターがそのテクニックをやさしく伝授〔内容〕テクニカルライティングに挑戦／「モノ」を解説する／文章を構成する／自分の技術をまとめる／読者の技術を意識する／イラスト／推敲／他

前神奈川大 桜井邦朋著
アカデミック・ライティング
—日本文・英文による論文をいかに書くか—
10213-0 C3040　　　　　　B5判 144頁 本体2800円

半世紀余りにわたる研究生活の中で，英語文および日本語文で夥しい数の論文・著書を著してきた著者が，自らの経験に基づいて学びとった理系作文の基本技術を，これから研究生活に入り，研究論文等を作る，次代を担う若い人へ伝えるもの。

核融合科学研 廣岡慶彦著
理科系のための 入門英語論文ライティング
10196-6 C3040　　　　　　A5判 128頁 本体2500円

英文法の基礎に立ち返り，「英語嫌いな」学生・研究者が専門誌の投稿論文を執筆するまでになるよう手引き。〔内容〕テクニカルレポートの種類・目的・構成／ライティングの基礎的修辞法／英語ジャーナル投稿論文の書き方／重要表現のまとめ

核融合科学研 廣岡慶彦著
理科系のための 入門英語プレゼンテーション
[CD付改訂版]
10250-5 C3040　　　　　　A5判 136頁 本体2600円

著者の体験に基づく豊富な実例を用いてプレゼン英語を初歩から解説する入門書。ネイティブスピーカー音読のCDを付してパワーアップ。〔内容〕予備知識／準備と実践／質疑応答／国際会議出席に関連した英語／付録(予備練習／重要表現他)

核融合科学研 廣岡慶彦著
理科系のための 実戦英語プレゼンテーション
[CD付改訂版]
10265-9 C3040　　　　　　A5判 136頁 本体2800円

豊富な実例を駆使してプレゼン英語を解説。質問に答えられないときの切り抜け方など，とっておきのコツを伝授。音読CD付〔内容〕心構え／発表のアウトライン／研究背景・動機の説明／研究方法の説明／結果と考察／質疑応答／重要表現

核融合科学研 廣岡慶彦著
理科系のための 状況・レベル別英語コミュニケーション
10189-8 C3040　　　　　　A5判 136頁 本体2700円

国際会議や海外で遭遇する諸状況を想定し，円滑な意思疎通に必須の技術・知識を伝授。〔内容〕国際会議・ワークショップ参加申込み／物品注文と納期確認／日常会話基礎：大学・研究所での一日／会食でのやりとり／訪問予約電話／重要表現他

D.E.&G.C.ウォルターズ著
文教大 小林ひろみ・立教大 小林めぐみ訳
アカデミック・プレゼンテーション
10188-1 C3040　　　　　　A5判 152頁 本体2600円

科学的・技術的な情報を明確に，的確な用語で伝えると同時に，自分の熱意も相手に伝えるプレゼンテーションのしかたを伝授する書。研究の価値や重要性をより良く，より深く理解してもらえるような「話し上手な研究者」になるための必携書

前東工大 志賀浩二著
はじめからの数学1
数　に　つ　い　て　(普及版)
11535-2 C3341　　　　　　B5判 152頁 本体2900円

数学をもう一度初めから学ぶとき"数"の理解が一番重要である。本書は自然数，整数，分数，小数さらには実数までを述べ，楽しく読み進むうちに十分深い理解が得られるように配慮した数学再生の一歩となる話題の書。【各巻本文二色刷】

前東工大 志賀浩二著
はじめからの数学2
式　に　つ　い　て　(普及版)
11536-9 C3341　　　　　　B5判 200頁 本体2900円

点を示す等式から，範囲を示す不等式へ，そして関数の世界へ導く「式」の世界を展開。〔内容〕文字と式／二項定理／数学的帰納法／恒等式と方程式／2次方程式／多項式と方程式／連立方程式／不等式／数列と級数／式の世界から関数の世界へ

前東工大 志賀浩二著
はじめからの数学3
関数　に　つ　い　て　(普及版)
11537-6 C3341　　　　　　B5判 192頁 本体2900円

'動き'を表すためには，関数が必要となった。関数の導入から，さまざまな関数の意味とつながりを解説。〔内容〕式と関数／グラフと関数／実数，変数，関数／連続関数／指数関数，対数関数／微分の考え／微分の計算／積分の考え／積分と微分

前東大 斎藤正彦著
はじめての微積分（上）
11093-7 C3041　　　A 5 判 168頁 本体2800円

問題解答完備〔内容〕微分係数・導関数・原始関数／導関数・原始関数の計算／三角関数／逆三角関数／指数関数と対数関数／定積分の応用／諸定理／極大極小と最大最小／高階導関数／テイラーの定理と多項式近似／関数の極限・テイラー展開

前東大 斎藤正彦著
はじめての微積分（下）
11094-4 C3041　　　A 5 判 176頁 本体2800円

〔内容〕数列／級数／整級数／項別微積分／偏導関数／高階偏導関数・極大極小／陰関数定理・平面曲線／条件つき極値・最大最小／方形上の積分／一般領域での積分／変数変換公式／曲面積／線積分・グリーンの定理／面積分・ガウスの定理／他

前中大 小林道正著
基礎からわかる数学1
はじめての微分積分
11547-5 C3341　　　B 5 判 144頁 本体2400円

数学はいまや，文系・理系を問わず，仕事や研究に必要とされている。「数学」にはじめて正面から取り組む学生のために，「数とは」「量とは」から，1変数の微積分，多変数の微積分へと自然にステップアップできるようやさしく解説した。

前中大 小林道正著
基礎からわかる数学2
はじめての線形代数
11548-2 C3341　　　B 5 判 160頁 本体2400円

「ベクトルって何？」から始め，実際の研究や調査に使うことができる行列の演算までステップアップしていくことを目指したテキスト。文系，理系を問わず，数学を仕事や研究に日常的で便利なツールとして習得したい人に最適。

前東女大 小林一章監修
獲得金メダル！ 国際数学オリンピック
―メダリストが教える解き方と技―
11132-3 C3041　　　A 5 判 192頁 本体2600円

数学オリンピック（JMO・IMO）出場者自身による，類例のない数学オリンピック問題の解説書。単なる「問題と解答」にとどまらず，知っておきたい知識や実際の試験での考え方，答案の組み立て方などにも踏み込んで高い実践力を養成する。

元東大 岡部靖憲著
確率・統計
―文章題のモデル解法―
11127-9 C3041　　　A 5 判 196頁 本体2800円

中学・高校・大学の確率・統計の初歩的かつ基本的な多くの文章題のモデル解法について懇切丁寧に詳述。〔内容〕文章題／集合／場合の数を求める文章題のモデル解法／確率を求める文章題のモデル解法／統計学における文章題のモデル解法

前東女大 杉山明子編著
社会調査の基本
12186-5 C3041　　　A 5 判 196頁 本体3400円

サンプリング調査の基本となる考え方を実例に則して具体的かつわかりやすく解説。〔内容〕社会調査の概要／サンプリングの基礎理論と実際／調査方式／調査票の設計／調査実施／調査不能とサンプル精度／集計／推定・検定／分析を報告

東大 縄田和満著
EViewsによる計量経済分析入門
12175-9 C3041　　　A 5 判 264頁 本体3300円

EViewsでの演習を通じて計量経済分析を基礎から習得。〔内容〕EViews入門／回帰・重回帰分析／系列相関，不均一分散／同時方程式／ARIMA／単位根と共和分／ARCH，GARCH／プロビット，ロジット，トービットモデル

東大 縄田和満著
Excelによる統計入門
―Excel 2007対応版―
12172-8 C3041　　　A 5 判 212頁 本体2800円

Excel 2007完全対応。実際の操作を通じて統計学の基礎と解析手法を身につける。〔内容〕Excel入門／表計算／グラフ／データの入力と処理／1次元データ／代表値／2次元データ／マクロとユーザ定義関数／確率分布と乱数／回帰分析他

東大 縄田和満著
TSPによる計量経済分析入門（第2版）
12164-3 C3041　　　A 5 判 184頁 本体3000円

統計ソフトTSPによる基礎的な経済データ分析手法を解説する入門書の改訂版。演習中心に初学者でも理解できるよう構成〔内容〕TSP入門／回帰分析／重回帰分析／系列相関・不均一分散／多重共線性／同時方程式／時系列データ／他

神奈川大 中島健一編著
経営工学のエッセンス
―問題解決へのアプローチ―
27020-4 C3050　　　　A5判 164頁 本体2300円

経営工学を学ぶ学生・実務者に向けた平易なテキスト。学んだ内容が実際にどういった場面で応用されているのかを解説。また、電卓やExcelを用いて分析を行えるよう、本文で手法を説明。復習のための演習問題を巻末に収録。

南山大 福島雅夫著
新版 数 理 計 画 入 門
28004-3 C3050　　　　A5判 216頁 本体3200円

平明な入門書として好評を博した旧版を増補改訂。数理計画の基本モデルと解法を基礎から解説。豊富な具体例と演習問題(詳しい解答付)が初学者の理解を助ける。〔内容〕数理計画モデル／線形計画／ネットワーク計画／非線形計画／組合せ計画

東北大 村木英治著
シリーズ〈行動計量の科学〉8
項 目 反 応 理 論
12828-4 C3341　　　　A5判 160頁 本体2600円

IRTの理論とモデルを基礎から丁寧に解説。〔内容〕測定尺度と基本統計理論／古典的テスト理論と信頼性／1次元2値IRTモデル／項目パラメータ推定法／潜在能力値パラメータ推定法／拡張IRTモデル／尺度化と等化／SSIプログラム

電通大 植野真臣・大学入試センター 荘島宏二郎著
シリーズ〈行動計量の科学〉4
学 習 評 価 の 新 潮 流
12824-6 C3341　　　　A5判 200頁 本体3000円

「学習」とは何か、「評価」とは何か、「テスト」をいかに位置づけるべきか。情報技術の進歩とともに大きな変化の中にある学習評価理論を俯瞰。〔内容〕発展史／項目反応理論／ニューラルテスト理論／認知的学習評価／eテスティング／他

統数研 吉野諒三・前東洋英和女大 林 文・帝京大 山岡和枝著
シリーズ〈行動計量の科学〉5
国際比較データの解析
12825-3 C3341　　　　A5判 224頁 本体3500円

国際比較調査の実践例を通じ、調査データの信頼性や比較可能性を論じる。調査実施者だけでなくデータ利用者にも必須のリテラシー。机上の数理を超えて「データの科学」へ。〔内容〕歴史／方法論／実践(自然観・生命観／健康と心／宗教心)

早大 永田 靖著
シリーズ〈科学のことばとしての数学〉
統計学のための数学入門30講
11633-5 C3341　　　　A5判 224頁 本体2900円

統計のための「使える」数学のテキスト。必要なエッセンスをまとめ、実際の場面での使い方を解説〔内容〕微積分(基礎事項アラカルト／極値／広義積分他)／線形代数(ランク／固有値他)／多変数の微積分／問題解答／「統計学ではこう使う」／他

J.R.ショット著　早大 豊田秀樹編訳
統計学のための 線 形 代 数
12187-2 C3041　　　　A5判 576頁 本体8800円

"Matrix Analysis for Statistics (2nd ed)"の全訳。初歩的な演算から順次高度なテーマへ導く。原著の演習問題(500題余)に略解を与え、学部上級～大学院テキストに最適。〔内容〕基礎／固有値／特別な行列／特別な行列／行列の微分／他

北里大 鶴田陽和著
すべての医療系学生・研究者に贈る
独 習 統 計 学 24 講
―医療データの見方・使い方―
12193-3 C3041　　　　A5判 224頁 本体3200円

医療分野で必須の統計的概念を入門者にも理解できるよう丁寧に解説。高校までの数学のみを用い、プラセボ効果や有病率など身近な話題を通じて、統計学の考え方から研究デザイン、確率分布、推定、検定までを一歩一歩学習する。

広経大 前川功一編著　広経大 得津康義・別府大 河合研一著
経済・経営系のための
よくわかる統計学
12197-1 C3041　　　　A5判 176頁 本体2400円

経済系向けに書かれた統計学の入門書。数式だけでは納得しにくい統計理論を模擬実験による具体例でわかりやすく解説。〔内容〕データの整理／確率／正規分布／推定と検定／相関係数と回帰係数／時系列分析／確率・統計の応用

理科大 宮岡悦良・理科大 吉澤敦子著
データ解析のためのSAS入門
―SAS9.3／9.4対応版―
12199-5 C3041　　　　B5判 384頁 本体4800円

好評のSAS入門テキストのSAS9.3／9.4対応版。豊富なプログラム例を実行しながらデータ解析の基礎を身につける〔内容〕SAS入門／確率分布／データの要約／標本分布／推測／分割表／単回帰分析／重回帰分析／プロシジャ集／他

上記価格(税別)は2020年 12月現在